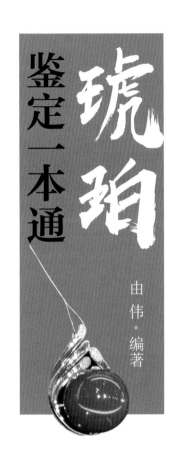

琥珀

鉴定一本通

由伟 · 编著

U0388047

化学工业出版社

· 北京 ·

《琥珀鉴定一本通》介绍了琥珀鉴定的基础知识，包括琥珀的基本性质、种类、价值判断方法、主要的作假手段，以及常用的鉴定方法。作者针对普通消费者在选购琥珀时遇到的问题和困惑进行编写，有较强的实用性和可操作性。

　　本书内容通俗易懂、语言简练通顺、图文并茂，能够使读者在较短时间内掌握琥珀鉴定的方法和技巧，可以作为琥珀爱好者和消费者的参考书。

图书在版编目（CIP）数据

　　琥珀鉴定一本通 / 由伟编著 . — 北京：化学工业出版社，2017.9
　　ISBN 978-7-122-30140-6

　　Ⅰ . ①琥…　Ⅱ . ①由…　Ⅲ . ①琥珀 - 鉴定
Ⅳ . ①TS933.23

　　中国版本图书馆 CIP 数据核字（2017）第 161835 号

责任编辑：邢　涛　　　　　　　　文字编辑：李　曦
责任校对：宋　玮　　　　　　　　装帧设计：韩　飞

出版发行：化学工业出版社（北京市东城区青年湖南街 13 号　邮政编码 100011）
印　　装：北京瑞禾彩色印刷有限公司
710mm×1000mm　1/16　印张 10　字数 166 千字　2018 年 1 月北京第 1 版第 1 次印刷

购书咨询：010-64518888（传真：010-64519686）　售后服务：010-64518899
网　　址：http://www.cip.com.cn
凡购买本书，如有缺损质量问题，本社销售中心负责调换。

定　　价：69.00 元　　　　　　　　　　　　　　　　　版权所有　违者必究

FOREWORD 前言

近几年，在国内的珠宝市场上，琥珀成为一个引人关注的宝石品种，受到很多人的喜爱。有人喜欢佩戴琥珀饰品，如琥珀项链、手链、戒指，突出自己与众不同的气质；有人相信琥珀将来会进一步升值，所以，将购买它们作为一种投资手段；有人认为琥珀具有养生、保健甚至医疗作用，期望它们为自己带来健康；有人欣赏琥珀的外观、内涵，从而购买进行收藏、鉴赏；更多人可能同时具有上述多个目的。

正是由于行情火热，受利益驱动，市场上出现了假冒伪劣产品，包括优化琥珀、仿制品等，导致产品鱼龙混杂。而多数普通消费者由于没有琥珀鉴定方面的专业知识，有的不能准确判断产品的真正价值，从而花高价买了质量较差的产品，甚至是优化处理品或仿制品，受到经济和感情方面的巨大损失。

本书介绍了关于琥珀鉴定的基础知识，包括琥珀的基本性质、琥珀的种类、琥珀的价值判断方法、主要的作假手段，并且针对每种作假手段，有针对性地介绍了对应的鉴定方法，包括优化处理琥珀、压制琥珀、琥珀仿制品的鉴定方法。

通过阅读这本书，读者能够了解琥珀的基础知识，掌握一些必要的琥珀鉴定方法和技术，从而在购买时能起到一定的指导和参考作用。

本书可以作为琥珀爱好者的入门指导书，内容通俗易懂、语言简练通顺，图文并茂，读者能够在较短时间内掌握琥珀鉴定的基本知识。

本书参考了大量宝石学专家、同行的研究成果，同时也参考、借鉴了大量普通消费者在实践中总结的经验，这里对他们的辛苦付出表示真诚的感谢。

最后，真心希望这本书能为广大读者提供有益的帮助。

由 伟

2017年7月10日于

河北燕郊

目录
CONTENTS

琥珀鉴定
一本通

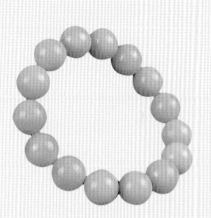

第四章　琥珀的鉴定

第五章　优化处理琥珀及其鉴别方法

第六章　压制琥珀及其鉴别方法

琥珀鉴定
一本通

第七章　琥珀仿制品及其鉴别方法

参考文献

第一章

琥珀概况

part 1

大家都知道，琥珀是由几千万年前的天然树脂埋在地层下面形成的化石。有的琥珀的内部包含一些动植物遗体，栩栩如生，使得很多人都很喜欢；还有的琥珀内部虽然没有包含动植物，但颜色、光泽、透明度或花纹、图案比较奇异，同样惹人喜爱。所以，在珠宝行业中，琥珀属于一种有机宝石，而且是一种有生命的宝石。一些稀有的琥珀甚至成为艺术品或古董，具有很高的艺术价值、学术价值等，从而成为珍贵的收藏品，受到市场和投资者近乎疯狂的追捧和炒作。

第一节

琥珀的形成

（a）

（b）

图1-1 琥珀的形成

相信很多人都记得小学语文课本中的那篇课文《琥珀》，作者以生动、活泼的语言描述了琥珀的形成过程：一万多年前，一只小苍蝇落在一棵松树上，旁边一只蜘蛛悄悄地爬过去，想把小苍蝇吃掉。正在这时候，松树分泌出的一大滴松脂滴下来，把小苍蝇和蜘蛛裹在了里面。松脂特别黏，任凭小苍蝇和蜘蛛怎么挣扎，都无法逃脱。接着，越来越多的松脂滴下来，把小苍蝇和蜘蛛包裹得更严密了……

多年过去了，那块松脂变干、变硬了。后来，松脂掉到泥土里，被泥沙埋了起来，几千年后，形成了化石，这就是琥珀。见图1-1所示。

所以，琥珀是古时候的一些树木的树脂埋在地层下面，在特殊的环境中，比如一定的温度、压力、氧气稀少的条件下，经历了长期的物理、化学变化，最后形成的化石，经常称为"树脂化石"。

实际上，很多琥珀的形成时间远远大于课文中提到的几千年：很多都经历了几百万年，甚至几千万年。2016年3月，美国著名的学术期刊Science（《科学》）报道，中国科学家在缅甸发现了迄今为止世界上最古老的琥珀，测定结果显示，它是将近一亿年前形成的。

第二节
琥珀——有生命的宝石

大家知道，有的琥珀内部包含一些动植物遗体，见图1-2所示，比如小爬虫、小飞虫，或者小片的树叶、小草等，形态各异、栩栩如生，容易引起人们的遐思，惹人喜爱。

图1-2 含有昆虫的琥珀

有的琥珀内部虽然没有这些动植物，但是它们的颜色、透明度可能比较漂亮，有的会形成一些漂亮、奇异的花纹或图案，这同样会让人们爱不释手，见图1-3所示。所以，从古代开始，很多人就喜欢把琥珀做成饰品、首饰或艺术品。

（a）

（b）

图1-3 颜色、透明度漂亮的琥珀

在珠宝行业中，有一类宝石叫
"有机宝石"，它们具有宝石的"漂亮、
稀有、不易变质"等特征；同时，它们
的化学成分中包括一部分有机物。珍珠、
珊瑚、象牙等都属于有机宝石。

同样，琥珀也具有上述特征：化学成分主要
是有机物，而且具有"漂亮、稀有、不易变质"
等特征，所以它也是一种有机宝石，而且琥珀
可以被称为"有生命的宝石"。因为，一方面，
它们来源于有生命的树木；另一方面，它们的内

图1-4 普通琥珀

部还经常包含昆虫、树枝、小草等生命体，所以，这个名称可谓是名副其实。

当然，还有很多琥珀的外观并不漂亮，它们看起来和泥土差不多，所以这些
琥珀不能做为宝石使用，见图1-4所示。

第三节
琥珀的化学成分和结构

琥珀的特性是由它们的化学成分和结构决定的。真假琥珀的区别从根本上说
也是在于这两点，在进行鉴定时经常需要测试这两个方面。

一、琥珀的化学成分

琥珀是松树等树木分泌出来的树脂，属于有机物，主要组成元素为碳、氢、
氧，其中，碳含量为75%~85%，氢含量为10%左右，氧含量为2%~7%，除此之
外，还含有一些微量元素，比如氮、硅、钙、铁、铝、镁、硫等。

琥珀的化学分子通式比较简单，为$C_{10}H_{16}O$，但实际上，它是由很多种复杂
物质组成的混合物，并没有固定的分子式。琥珀包含的具体成分非常复杂，种类
很多，包括琥珀松香酸、琥珀氧松香酸、琥珀酸、琥珀松香醇、琥珀树脂醇、琥
珀油……而且，产地或品种不同，组成也会有区别。

测量琥珀化学成分的方法和仪器有很多，包括差热分析法、拉曼光谱法、近红外反射光谱、紫外-可见分光光度计、红外光谱、GC-MS、GLC-MS、NMR法等。其中，红外光谱仪使用方便、测试结果准确、可靠、测试速度快，而且成本较低，所以应用比较广泛，见图1-5所示。

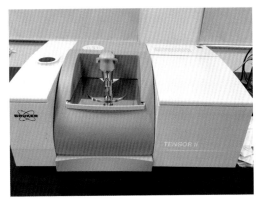

图1-5　傅里叶变换红外光谱仪

二、琥珀的结构

1. 宏观结构

天然琥珀一般包括外皮和内部的"肉"两部分，见图1-6所示。

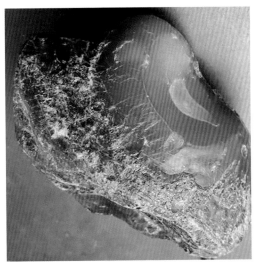

（a）　　　　　　　　　　　（b）

图1-6　琥珀的宏观结构——外皮和"肉"

（1）外皮

多数琥珀的表面都包裹着一层外皮，这层外皮的颜色较深、透明度较低、质地多数也很粗糙,见图1-7所示。具体也不一样,比如厚度,有的比较厚,有的比较薄。

这是因为琥珀的外皮长期受到自然界的各种物理、化学作用,比如地层的压力、空气的氧化、高温烘烤、泥土侵蚀、风化作用等。琥珀的外皮和翡翠老坑种的原石皮壳比较像。

(2)内部的"肉"

琥珀内部的肉质地一般比较细腻,透明度较高。另外,很多琥珀的肉具有特殊的纹理,称为生长纹,见图1-8所示。

图1-7　琥珀的外皮　　　　　　　　图1-8　琥珀的生长纹

这是因为天然琥珀是由植物分泌的树脂一滴一滴地滴落在一起形成的,生长纹实际上是上一滴树脂和下一滴树脂的分界线。生长纹的形状也有很多种,比如,有的是一条一条的,有的是弧形的……

2. 微观结构

(1)颗粒堆积结构

研究人员用电子显微镜放大观察发现,琥珀是由很多个特别小的颗粒堆积在一起组成的,见图1-9所示。

（a）　　　　　　　　　　（b）

图1-9　琥珀的微观结构

如果把这些颗粒看成小圆球，它们的直径只有0.17~0.42μm。我们的头发的直径大约是70~90μm，所以，琥珀的小颗粒的直径只有头发直径的三百分之一到四百分之一。

人们经常说，如果用手搓，琥珀会发出淡淡的香味，或者有很细的粉末被搓下来，就是因为它是由很多颗粒组成，而且硬度比较低。

（2）非晶体结构

琥珀属于非晶体结构，即内部的分子排列没有规则，比较混乱，见图1-10所示。

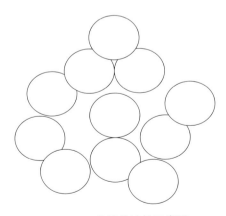

图1-10　非晶体结构示意图

如果用X射线衍射仪测试琥珀，会发现衍射图谱基本是平的，或者呈锯齿形，没有晶体产生的特别明显的衍射峰。

3. 包裹体

琥珀内部经常包含丰富的包裹体，如昆虫、叶子、树枝、小石块、泥土、沙粒等，见图1-11所示。

包裹体是琥珀引人喜爱的一个最重要的特点，一方面，含有包裹体，尤其是完整昆虫的包裹体稀少，让观看者可以充分发挥自己的想象空间；另一方面，有的包裹体具有重要的科研价值，有利于科学家研究远古时期的生物起源及发展情况。

图1-11 琥珀的包裹体

此外，琥珀内还经常含有杂质、气泡、裂纹、斑点等，从实质上来说，它们也属于包裹体。这些包裹体有的会影响琥珀的外观，使价格打折扣，但有时候，这些包裹体也会产生意想不到的效果，从而大大提高琥珀的价值。

第四节
琥珀的性质

琥珀惹人喜爱的一个重要原因是它们具有的特殊的性质，而且，在鉴别产品的真假时，人们也经常利用琥珀的各种性质。

一、光学性质

琥珀受人喜爱的一个重要原因是它的光学性质，包括颜色、光泽、透明度等，见图1-12所示。

1. 颜色

琥珀的颜色有多种，包括无色、黄色、红色、褐色、棕色、白色、蓝色、绿色等系列，每个系列中又包括多种具体的颜色。

2. 光泽

光泽指材料表面对光线的反射程度。反射程度高的材料，看起来显得很亮，光泽很强；反射程度低的材料，看起来显得不亮，光泽比较弱。

在珠宝行业中，人们把不同的珠宝的光泽分为不同的类型：第一类称为金刚光泽，最典型的是钻石的光泽。这种光泽特别亮，如果在比较强的光线下观察，会有刺眼的感觉。第二类称为玻璃光泽，红宝石、蓝宝石、水晶、翡翠等具有这种光泽。这种光泽的强度不如钻石的金刚光泽，但也比较强。第三类称为油脂光泽，典型的代表是和田玉的光泽。由于和田玉对光线的反射程度比较弱，所以这种光泽也比较弱。第四类称为蜡状光泽，这种光泽更弱，岫玉等玉石具有这种光泽。第五类称为珍珠光泽，这是珍珠特有的光泽类型，虽然强度不高，但有一种特殊的晕彩效应。第六类称为树脂光泽，琥珀的光泽类型就属于这种，看起来和塑料比较像。因为琥珀对光线的反射程度比较弱，所以它的光泽比较弱，表面看起来不很亮、不耀眼，但是感觉比较温润、柔和、舒服。有的琥珀经过抛光后，表面的光泽也比较强，甚至能接近玻璃光泽。

3. 透明度

琥珀的产地不同，种类不同，透明度也有多种，比如完全透明、半透明、微透明以及不透明。

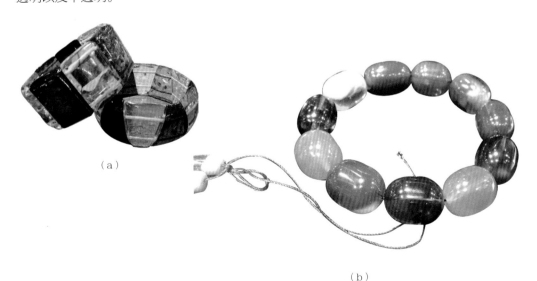

（a）

（b）

图1-12 琥珀的颜色、光泽和透明度

4. 折射率

折射指光线从一种物质（比如空气）以一定角度照射入另一种物质（比如玻璃、水）后，传播方向发生改变的现象，见图1-13所示。

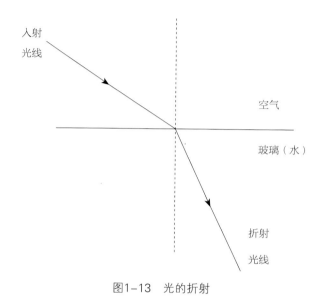

图1-13　光的折射

折射率指光线在空气中的传播速度与在宝石中的传播速度之比，它对宝玉石的颜色、光泽等性质都具有重要的影响，对大多数宝玉石进行鉴定时，都需要测试折射率。

琥珀的折射率是1.54。

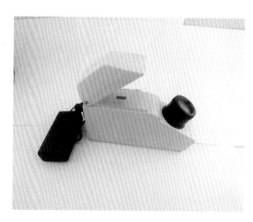

图1-14　折射仪

很多鉴定机构在鉴定琥珀时，经常利用折射仪测量折射率，见图1-14。因为很多假琥珀是用塑料、玻璃等制造的，它们的化学成分和天然琥珀有很大差别，所以折射率也有差别。折射率是鉴定琥珀的一个重要依据。如果所测的样品的折射率值与1.54相差比较大，那这个样品很可能是假货。但是需要注意的是，如果某个样品的折射率是1.54或与它接近，但这个样品也不一定是天然琥珀，也有可能是假货。因为有的材料的折射率和琥珀相同或相近。所以在鉴定时，不能只根据某一个指标下结论，应该尽量多测几个指标，那样结果更可靠。尤其当产品比较贵的时候，更应该这样。

5. 发光性

有的宝玉石在一定的条件下会发光，比如加热、紫外线、X射线照射等，出现这种现象是因为宝玉石具有发光性。有的宝石甚至白天被阳光照射后，晚上也会发光，这就是大家经常听说的夜明珠。

宝玉石发光的原因和化学成分、显微结构有关系。研究人员对一些夜明珠的化学成分进行了分析，发现其中含有一些稀土元素，正是它们的存在才使夜明珠在黑暗中能发光。

宝玉石的发光性分为两种类型：一种叫荧光，一种叫磷光。这两个词大家可能都经常听说，但是很多人应该不知道它们到底是什么意思、有什么区别。

其实，它们的意思并不难理解：荧光指促使宝石发光的外界因素消失后，宝石的发光性也随之消失，这种情况发的光就叫荧光；但是对有的宝石来说，当外界因素消失后，它们还能继续发光，这种光就称为磷光。

琥珀受到长波紫外线照射时，会发出荧光。荧光的颜色有多种，如浅蓝色、浅绿、浅黄等，见图1-15。

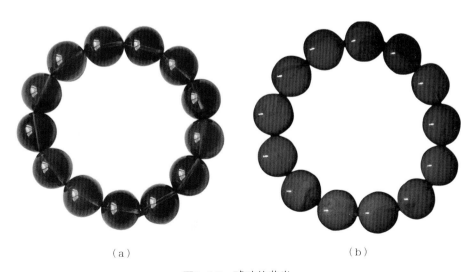

（a）　　　　　　　　　　　（b）

图1-15　琥珀的荧光

很多鉴定机构在鉴定琥珀时，荧光也是一个重要的检测项目。因为很多假琥珀的材料如塑料、玻璃等，有的不发射荧光，有的即使能发荧光，但是颜色和琥珀发出荧光的颜色不一样。所以发光性是鉴定琥珀的一个重要依据。

在一般情况下，如果所测的样品的发光性与琥珀相差比较大，那这个样品很可能是假货。但是，同样需要注意的是，如果某个样品发射的荧光和琥珀发射的荧光接近，但这个样品也不一定是天然琥珀，也有可能是假货。因为有的材料的荧光和琥珀的荧光相同或相近。所以在鉴定时，也不能只根据这一个指标下结论，同样应该再检测其他几个指标，那样结果更可靠。尤其当产品比较贵的时候，更应该这样。

二、力学性质

1. 硬度

琥珀是有机物，所以硬度比较低，摩氏硬度只有2~3。

由于摩氏硬度低，所以琥珀容易受到损坏，比如容易被其他的物体刮伤、划伤等，平时在佩戴、保养的时候需要注意。

另外，琥珀的耐磨性较差，有的琥珀用手搓能闻到香味，其中一个原因就是不耐磨。

对琥珀进行雕刻加工时，由于硬度低，所以琥珀容易被雕琢成很多形状复杂、尺寸精细的首饰和工艺品，见图1-16所示。但是在雕刻时需要注意，使用的力量不能太大，否则产品很容易被雕刻工具划出划痕、小坑等缺陷。

图1-16 琥珀雕刻品

2. 强度和韧性

前面提到，琥珀是由很细的颗粒组成的，这些颗粒之间的结合力比较弱，所以琥珀的强度和韧性不高，受到比较大的外力时容易断裂、破碎。

3. 密度

和其他的宝石相比，琥珀的密度较低，为1.05～1.10g/cm³，只比纯水高一点。所以如果把琥珀放在水盆里，琥珀会沉下去。

但是如果在水里放入食盐，达到饱和时，食盐水的密度是1.33g/cm³，这时候如果把琥珀放进去，它们会漂浮起来。而有的仿制品的密度比水低或者比饱和食盐水高，所以，通过这种方法可以鉴别出来。密度法是鉴别琥珀的一种重要方法。

三、其他性质

1. 热性质

琥珀的导热性较低，所以抚摸时感觉比较温润、舒服，不像水晶等宝石，抚摸时感觉比较凉，见图1-17所示。

琥珀的耐热性不好，温度达到150℃时，它就会发生软化，在250℃以上时会熔融。所以平时需要注意，琥珀不能和太热的物体接触，最好不要长时间被阳光暴晒，以免导致琥珀变形、开裂。

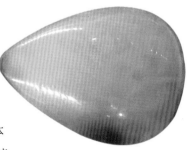

图1-17　琥珀的温润感

2. 电性质

大家知道，琥珀具有一种特殊的电性质，用毛皮摩擦后，表面会带电，可以吸起碎纸屑。人们经常利用这种性质鉴别琥珀的真假。

3. 化学性质

和很多其他宝石相比，琥珀的化学性质不稳定，容易变质。尤其是如果长时间和酸、碱、盐等物质接触，琥珀的颜色、光泽、透明度等都容易发生变化，平时使用的化妆品、香皂、汗水等都会对琥珀产生影响，所以平时需要注意，琥珀饰品尽量不要和化妆品接触，洗澡、运动时尽量不要佩戴。

琥珀的价值

一、观赏、装饰价值

由于琥珀具有特殊的颜色、光泽、透明度，这种独特的结构让人看起来特别有趣，百看不厌，能够引起无尽的遐想。每颗琥珀都是唯一的、独一无二的，而且是生命的见证，因此，琥珀是一种有生命的宝石。此外，淡淡的芳香气味，以及温润的手感，都使得琥珀自古以来就深受人们的喜爱。

在古代的欧洲，人们都喜欢佩戴琥珀饰品（见图1-18），而且经常作为爱情的信物赠给自己的意中人。人们认为琥珀代表着典雅、高贵，能够使佩戴者具有与众不同的气质和魅力，甚至有人认为琥珀具有一种特殊的魔力。由于波罗的海沿岸的国家出产琥珀，所以人们将琥珀称为"波罗的海黄金"，德国位于波罗的海的南方，所以德国人将琥珀称为"北方的金子"。

（a） （b）

图1-18 琥珀饰品

有一个时期，欧洲一些国家甚至将琥珀作为货币使用，在市场上流通，而且成为最受欢迎的"硬通货"。

在我国，琥珀也一直被认为十分珍贵，受到很多人的喜爱。在佛教中，琥珀被列为"七宝"之一。在民间，人们认为琥珀能够使人健康、长寿，因为多数琥珀是松树脂形成的，松树在我国象征着长寿。

资料介绍，在清朝，朝廷官员帽子上的顶珠有的也是用琥珀制作的。

我国古代的很多著名诗人如李白、杜甫、白居易、李贺、李清照等都在自己的作品中提到了琥珀。"琉璃钟，琥珀浓，小槽酒滴真珠红""荔枝新熟鸡冠色，烧酒初开琥珀香""醍醐惭气味，琥珀让晶光""春酒杯浓琥珀薄，冰浆碗碧玛瑙寒""歌阑赏尽珊瑚树，情厚重斟琥珀杯""莫许杯深琥珀浓，未成沈醉意先融"等诗句千古吟诵、脍炙人口。

二、医疗、养生、保健价值

早在古代，人们就已经发现琥珀具有较好的医疗、养生和保健价值。无论是在中国还是外国，很多人都将琥珀当作一种重要的药物。

1. 杀菌、消毒、防腐作用

资料记载，古埃及人制作木乃伊时，就利用琥珀进行杀菌、消毒，以防止尸体腐烂。

在民间，人们也经常用琥珀制作餐具，比如勺子、婴儿的奶嘴，以及烟斗、茶叶罐等，见图1-19所示。

欧洲在中世纪发生瘟疫时，很多地区的人们都没能幸免，发生了大量伤亡。波兰、立陶宛、俄罗斯等出产琥珀的国家采取了一种独特的治疗方法。他们燃烧琥珀，利用产生的烟雾进行杀菌、消毒，最终成功地抵抗了瘟疫。

图1-19　琥珀制作的烟嘴

2. 疾病治疗作用

古代的欧洲人已经发现，琥珀对一些疾病具有比较好的疗效，包括风湿病、胃疼、头痛等。这主要是因为琥珀中的一些成分能够促进血液循环，从而能减轻肌肉疼痛，而且能缓解疲劳。

人们采取了多种方式，发挥琥珀的治疗作用，包括内服、外敷、按摩、针灸、水浴、吸入法、佩戴饰品等。现在，人们利用琥珀开发了一些药物，如琥珀止痛膏等。

3. 定性安神

我国中医认为，琥珀具有定性安神的功效。《本草纲目》中记载："琥珀能安五脏，定魂魄，消淤血，利尿通淋，生血生肌，安胎……"所以，琥珀自古就具有重要的养生、保健价值，而且是一种重要的中药材，现在在大多数中药店里都可以买到琥珀。而且，人们还利用琥珀开发了琥珀安神丸等药物，见图1-20和图1-21所示。

图1-20　粒状琥珀药材

图1-21　粉状琥珀中药材

图1-22　琥珀佛珠

佛教也认为，琥珀能使修行者产生定力，有利于他们的修行，琥珀自古以来就被列为佛教"七宝"之一，见图1-22所示。

4. 抗细胞老化、延缓衰老

现代医学研究表明，琥珀中含有的一些化学成分能够防止细胞老化，延缓人体衰老。古籍中曾记载，我国历史上有名的美女赵飞燕在自己的枕头里装了很多琥珀，目的是在睡觉时能吸收琥珀的芳香，使自己永葆青春、容颜永驻。现在人们也据此开发了含有琥珀成分的化妆品。

5. 增强免疫力

有研究表明，琥珀中的一些成分能够增强人体的免疫力，刺激人体生理机能，有利于疾病的预防和病后恢复，而且能使人精力充沛、注意力集中。

6. 其他作用

俄罗斯人发现，琥珀具有较好的解酒和戒酒作用，它可以与摄入体内的酒精发生化学反应，起到中和作用，从而消除酒精对身体的伤害，使醉酒者迅速清醒，恢复正常；而且，琥珀还能减轻人对酒精的依赖，有助于人们戒酒。

三、收藏、投资价值

由于琥珀具有一系列的有益作用，而且数量稀少，属于不可再生资源，所以具有巨大的潜在的收藏和投资价值。最近几年，琥珀在我国受到热烈、甚至可以说疯狂的追捧，尤其是品质好、数量少的一些高端品种，见图1-23所示。

琥珀作为一种商品，其价格同样会受到市场的供求关系的影响。近年来，俄罗斯、乌克兰、波兰等产出国由于连年开采，储量日益枯竭，因而对出口限制越来越严格。这种大环境更造成了原料供应不足，尤其是高档品种，这也使得它们具有更大的升值潜力。包括普通百姓和职业收藏家、投资者在内，很多人对琥珀趋之若鹜，导致市场上一些品种的价格一涨再涨、连创新高。

图1-23　琥珀串珠

四、市场行情

目前，琥珀的价格是按克计算的，中档品种的行情是每克数百元，好的品种每克达数千元，高档品种如多米尼加蓝珀、白蜜的价格每克能达万元以上。

2015年、2016年在北京举办的"中国国际珠宝展"中，琥珀的参展商规模异常庞大，令人吃惊。

当然，在市场里，多数人主要还是跟风，缺少自己的主见。比如，昨天听说金珀的透明度好，升值潜力大，他们就一拥而上，抢购金珀；今天听说金绞蜜漂亮，半透明半不透明，他们又去抢金绞蜜；明天有人说白蜜代表纯洁，他们很可能又去抢白蜜…… 这就是典型的投机性的表现。也正是因为这一点，所以，一些造假者迎合投机者的需求，制售假冒伪劣产品，以获取暴利。

五、关于琥珀的最著名的传说——神秘的琥珀宫

迄今为止，关于琥珀的传说，历史上最有名、最具有神秘色彩的应该是琥珀宫了。

琥珀宫是一座古老的宫殿。1701年由普鲁士国王在柏林建造，历经10年时间才建成。它的面积不算大，只有55㎡左右，但它的内部都是由琥珀装饰的。当时，德国人把琥珀称为"北方的黄金"，实际上，那时候，琥珀的价格是黄金的12倍。所以，这座豪华的宫殿被称为琥珀宫。此外，还镶嵌了大量的黄金、钻石及其他宝石。这些贵重的装饰材料有10万多件，重量超过6吨。整个宫殿内金碧辉煌、光彩夺目。在18~20世纪期间，琥珀宫被称为"世界第八大奇迹"。

1716年，普鲁士的新国王将琥珀宫赠送给了俄国沙皇彼得大帝，沙皇将它放置在圣彼得堡郊外的叶卡捷琳娜宫内。

1941年，德国军队获得了琥珀宫，并将它运回了德国。第二次世界大战结束后，却神秘地失踪了，从那时起一直到现在，无数人都在猜测它的下落并试图找到它，但始终不能如愿，因此，这也成为20世纪一个著名的谜团。

关于它的下落，有很多说法：有人认为它已经毁于战火中，但更多人认为它仍保存在某个神秘的地点，因此一直有人在孜孜不倦地寻找其下落，包括

当时的苏联政府、历史学家、考古学家、寻宝者。这方面的消息屡屡见诸报端，有人说它在奥地利的一个湖底，有人说它在现在的俄罗斯某个城市的一个地堡里，有人说它被埋在捷克一个小城市的地下、德国的森林里，还有人说它实际上被装在著名的"纳粹黄金列车"上了，这辆列车就埋在波兰一个小镇的地下。

最近的消息是，2016年4月，波兰一位历史学家宣称，自己在波兰一个湖区的隧道里，发现了"琥珀宫"。如果被挖掘出来，价值高达3.5亿英镑。

每次消息公布，都会引起无数人的骚动，但时间不长，多数消息就无果而终了。

2002年，俄罗斯政府花费了大量的人力、物力，在圣彼得堡重建了琥珀宫，对外开放参观，现在，这里成为了一个著名的旅游景点，见图1-24所示。

全貌

局部

局部

目前所在地——叶卡捷琳娜宫

图1-24　琥珀宫

第六节

琥珀的产地

琥珀的产地比较少，主要包括波罗的海沿岸国家、多米尼加、缅甸、墨西哥等。

波罗的海沿岸盛产琥珀的国家主要有波兰、立陶宛、俄罗斯和乌克兰等，这里的琥珀质量很好，素有"波罗的海黄金"之称。同时，琥珀产量也很高，占全世界总产量的80%左右。波罗的海琥珀的颜色主要是黄色，多数是不透明或半透明的蜜蜡，少数透明，包括金珀、血珀等。

多米尼加是加勒比海上的一个岛国，琥珀产量占全世界总产量的10%左右。这里的琥珀有两个特点：一是内部包含的动植物种类很多，二是出产世界上独一无二的"琥珀之王"——蓝色琥珀。

缅甸琥珀历史悠久，我国三国时期的古籍《汉纪》就记载了缅甸琥珀。缅甸琥珀的颜色很多，所以种类很多，包括棕珀、血珀、金珀、虫珀、根珀、翳珀等，其中很多品种很贵重，深受人们喜爱。

墨西哥的琥珀产量不如多米尼加，最出名的品种是蓝绿色琥珀，颜色和多米尼加蓝珀很接近。

第二章 琥珀的品种

part 2

一提到"琥珀",相信多数人会认为它们都是透明的,而且内部包含着小昆虫!

实际上,这种琥珀只是琥珀的一个品种,人们称之为"虫珀"。在珠宝市场里,虫珀只占所有琥珀的很少一部分。除了虫珀外,琥珀还包括其他几个品种,它们的外观和内在性质相差很大,价格也相差很多(见图2-1)。

| 蜜蜡 | 血珀 | 金珀 | 血珀 | 蜜蜡 | 花珀 |

图2-1 部分琥珀的品种

第一节

虫 珀

一、概念

虫珀就是大家都很熟悉的里面包裹小昆虫的琥珀,见图2-2所示。

由于受小学那篇《琥珀》课文的影响,很多人可能都以为琥珀里都包裹着小昆虫,但是实际上,包裹小昆虫的琥珀只占极小的一部分,大多数琥珀的内部并没有小昆虫。

此外，虽然名称叫"虫珀"，但现在人们把包含其他物质的琥珀也叫做"虫珀"，比如有的琥珀里面包裹着树叶，或包裹着小草、花朵，有的还包着泥块、树皮等。

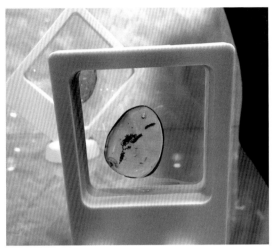

图2-2　虫珀

二、形成

虽然很多人都熟悉虫珀，但是虫珀在所有琥珀中，数量实际上很少。这是因为虫珀很难形成，要形成虫珀，需要一定的机缘巧合，也就是一些特殊的条件。

首先，必须有能分泌树脂的树木，比如松树。它们的树皮破裂后，会向外分泌树脂，这才有可能形成琥珀。但是，大家知道，松树的数量并不多。

第二个条件，树脂必须能吸引周围的昆虫，也就是树脂的味道要比较好闻，比如有香味或甜味，这样，周围的昆虫如蚂蚁、蚊子、苍蝇、甲虫等才能被吸引过来。但是，很多树木分泌的树脂的气味很难闻。

第三个条件，树脂的黏性足够强。昆虫被粘住后，不容易摆脱、逃跑。这样，后面分泌出的树脂才会把虫子或者树枝、树叶等层层包裹起来。

第四个条件，包裹着昆虫的树脂被埋在地层下面，与外界的氧气隔绝，处于一种还原性气氛里。在这种环境下，树脂才不会发生氧化、腐烂。然后在一定的温度和压力作用下，树脂内部发生复杂的化学反应，最后形成了虫珀。

三、虫珀的价值

虫珀是大自然为人们精心制作的生物标本。它们将几千万年前的动物、植物很好地保存了下来，而且都保留着生前的形态。所以，虫珀可以被称为远古时代的摄影师，很多都具有重要的学术研究价值和收藏价值，见图2-3所示。

（a） （b）

图2-3　虫珀中含有完整的动物和植物叶片

2016年12月，据科学家报道，在一块琥珀中发现了一条恐龙的尾巴。这条尾巴只有3.85cm长，而且长满了毛（见图2-4）。科学家们指出，这只恐龙是世界上最小的恐龙，只有18.5cm长。

根据这个发现，有人提出设想，能否把那条恐龙尾巴从琥珀里取出来，提取出它的DNA，然后利用克隆技术使恐龙复活！

但令人失望的是，经过测试，人们发现这块琥珀是9900万年前形成的，已经超过了DNA的半衰期，所以至少在目前，还无法实现这个令人激动的设想。

图2-4　人类在琥珀中发现的第一个恐龙标本

另外，据报道，2015年12月，考古队员在挖掘江西南昌西汉海昏侯墓时，从墓室中发现了一块作为饰品的虫珀，说明墓主人也很喜爱虫珀，同时也从另一个角度印证了他的高贵身份。

四、产地

虫珀最著名的产地是多米尼加和缅甸。因为这两个国家的气候温暖、潮湿，森林里的动植物的种类和数量都很多，所以出产的琥珀中有很多虫珀，而且内部包裹的动植物的种类和数量也很多，形态多样，见图2-5所示。

（a）　　　　　　　　　　　　　　　　　　（b）

图2-5　缅甸虫珀

第二节

金珀

一、概述

金珀指颜色呈金黄色的琥珀。高档的金珀颜色鲜艳、光泽强、透明度高，看起来感觉很明亮，让人精神振奋，见图2-6所示。所以，自古以来，金珀一直是琥珀中价值最高、最受人喜爱的品种之一。

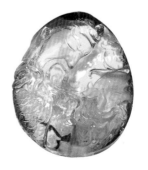

图2-6　金珀

二、金珀的产地

金珀的产地主要是缅甸和波罗的海沿岸的几个国家。其中，缅甸金珀的产量更大，我国市场上的金珀多数是缅甸产的。

缅甸金珀原石的皮壳比较薄，加工成成品后，成品的颜色种类比较多，具体情况在后文有详细介绍。

此外，总体来说，缅甸金珀的净度较高，透明性也高，所以，在行业内，大家普遍感觉缅甸金珀的质量较好。

三、缅甸金珀的种类

缅甸产出的金珀分为好几个种类，它们的性质各不相同，价格也有差别。

1. 黄金珀

黄金珀有时候也称为金黄珀，从名称上可以看出，这种类型的颜色呈明亮、耀眼的金黄色。

波罗的海产的金珀的颜色也是这种金黄色，二者很接近。

黄金珀的质地一般比较细腻、致密、净度很好，质地清澈、透明度高，看起来清澈、通透，见图2-7所示。

用紫外线照射时，黄金珀会发出蓝白色的荧光。

图2-7　黄金珀

2. 金棕珀

金棕珀的颜色比黄金珀显得更红、更深、更暗。缅甸金棕珀的净度也比较高，透明性较好，见图2-8所示。

放大观察时，可以看到金棕珀具有流淌纹，它也是唯一一种有流淌纹的金珀类型。

受紫外线照射时，金棕珀会发出蓝色或蓝绿色的荧光。

图2-8 金棕珀

3. 茶金珀

茶金珀的颜色比金棕珀还深，显得发黑、发暗，看起来和隔了一夜的茶水很像，所以人们给它起了这么一个名字。

茶金珀看不到流淌纹，所以它的净度、透明度也都比较好，见图2-9所示。

在紫光线的照射下，茶金珀会发出多种颜色的荧光，如蓝色、蓝绿色、蓝紫色、粉紫色等。

图2-9 茶金珀

4. 柳青珀

柳青珀的颜色和黄金珀很像，仔细看时，会看到柳青珀的金黄色中微微散发出一些绿色。

柳青珀中也没有流淌纹，净度、透明度一般也比较好，见图2-10所示。

在紫光线的照射下，柳青珀会发出蓝色或蓝紫色的荧光。

5. 蓝金珀

蓝金珀也叫金蓝珀或缅甸蓝珀。透光看时，蓝金珀呈明亮的金黄色，和黄金珀很像。在阳光或其他较强的光线照射下看时，蓝金珀的表面会发出浅蓝、蓝、蓝紫等颜色的荧光。照射光线的强度不同，荧光的颜色也不同。另外，从不同的角度看或转动样品时，荧光的颜色会发生变化。

图2-10　柳青珀

蓝金珀也没有流淌纹，所以净度和透明度都比较高，见图2-11所示。

图2-11　蓝金珀

第三节
血珀

一、概况

血珀指红色的琥珀，有多种颜色，如鲜红色、深红色、血红色等，见图2-12所示。

血珀自古以来就被认为是琥珀中最好的品种之一。我国明朝有一本书叫《五杂俎·物部四》，对琥珀的品种进行了评价："琥珀，血珀为上，金珀次之，蜡珀最下。"

图2-12　血珀

二、产地

天然血珀主要产于缅甸和波罗的海。目前市场上普遍认为缅甸血珀的品质更好，颜色鲜艳、纯正，质地细腻、致密，净度高、透明度好，见图2-13所示。

图2-13 缅甸血珀

波罗的海血珀的产量也比较大，但质量不如缅甸血珀，颜色不如缅甸血珀鲜艳，而且内部的杂质较多，因此净度较低，透明度比较差。

三、血珀的形成

1. 机理

关于血珀的形成，目前有两种观点。多数人认为，血珀是由其他品种的琥珀如棕红珀和金珀经过长期氧化形成的，棕红珀和金珀发生氧化后，颜色由棕色和黄色变成红色，最后形成了血珀。有人提出，血珀的形成条件比较苛刻，要求周围的温度应在80℃左右。在这个温度下发生氧化，琥珀才会变成红色。如果温度太低，即使发生氧化，但氧化程度不够，琥珀的颜色会比较浅，不是红色；但是如果温度太高，琥珀的氧化程度太深，可能会变成黑色，如果温度更高，琥珀可能会发生熔化。

另一种观点认为，血珀呈红色是由于它的内部含有一些致色元素，比如三价铁离子。

总体来说，目前人们普遍认可第一种观点。

2. 构造

由于血珀多数是由其他品种氧化形成，表面的氧化程度比内部要高，所以，血珀原石的表面经常覆盖着一层比较厚的氧化皮，颜色经常呈黑黄色。另外，由于长期受到自然界的风化作用，这层氧化皮一般都凹凸不平，有一些孔、坑。

在氧化皮的下面，就是血珀的主体部分了，也就是肉。血珀的肉具有以下几个特点。

①由于不同的血珀发生的氧化程度不同，导致血珀的肉的颜色互不相同，有深有浅。

②不同血珀的肉的厚度也不同，有的血珀的氧化时间足够长，肉的整体都是红色的。但有的血珀的氧化时间比较短，所以，可能只有表面比较薄的一层肉是红色的，肉的内部可能是棕色或黄色的。而且这种血珀更常见。对血珀来说，红色的表层越厚越好。

所以，在加工血珀时，应该注意尽量保留肉的红色表层。但有时候，加工者会不小心把有的地方的红色表皮磨掉，从而使内部的黄色部分暴露了，行业内把这种现象叫"漏金"。这种血珀的价格会打折扣。

四、血珀原石——琥珀里的"赌石"

1."赌石"的由来

了解翡翠的人都知道，有的翡翠原石的外面包裹着一层皮壳，购买的这种原石称为"赌石"。因为这种原石看起来和普通的石头一样，但它们的内部有的是翡翠，价值不菲，而有的就是普通的石头，一文不值。所以，购买这种原料具有很大的不确定性，就像赌博一样，买对了可以一夜暴富，但买错了也会转眼间倾家荡产。所以，人们把这种原料称为"赌石"或"赌货"。

有经验的人可以根据自己的经验、技巧判断"赌石"内部是否有翡翠以及翡翠的质量。

由于血珀的原石表面也包裹着一层氧化皮，对购买原石的人来说，这种原石无疑也就成为了"赌石"。有时候，买方会以很低的价格买到原石，切开后能得到高质量的血珀，自然收获颇丰，但也有人切开后只能得到一些价值较低的品种。

2. 购买"赌石"的技巧

在长期的实践过程中，人们总结了一些购买"赌石"的经验或技巧。

①和翡翠相似，血珀内部的质地和原石外皮的质地间存在一定的关系。所以，人们一般可以根据原石外皮的情况判断内部血珀的质量。根据质地，原石外皮有以下几种。

第一种叫沙皮。这种皮的特征是看起来比较光滑，也就是表皮的颗粒很细，排列比较致密，质地比较好。

由于这种料的外皮质地好，所以其内部的血珀质量一般也比较好，质地细腻、致密、透明度高。

第二种叫黄皮。这种外皮的颜色经常呈黄色或褐色。如果这种外皮看起来比较疏松，一般来说，氧气就容易向内部渗透，这种原石内部的氧化程度就比较高，所以内部的肉的质量会比较好，颜色发红，而且质地细腻，透明度高。反之，如果外皮看起来比较致密，氧气不容易向内部渗透，内部的氧化程度就比较低，内部的肉的质量会比较差，颜色不发红，质地比较粗糙，透明性较差。

第三种叫黑皮。它的特征是颜色发黑，说明氧化程度很高。这种原石的内部氧化程度也比较高，所以质量一般比较好，颜色发红，质地细腻，透明度好。

当然，既然是"赌石"，所以和翡翠的"赌石"一样，购买血珀赌石具有很大的风险。上述外皮的特征与内部质量间的关系并不是绝对的，只是从业者自己总结的一些经验，只能作为参考。在很多情况下，有的原矿的外表看起来是血珀原石，但有可能只有这层外皮发生了氧化，但内部并没有发生氧化，所以最后得到的经常不是血珀，或者质量不像预期的那么好。

②通过"门子"观察内部的质量，包括颜色、透明度等。和翡翠的赌石一样，有的血珀原石也开了"门子"。粗看时，会发现"门子"处的肉颜色鲜红，很吸引人。但有时候，这种感觉是一种错觉，因为有的原石的"门子"的红色并不是它本身的颜色，而是由外皮的红色映照形成的。比如价值较低的棕红珀，有的外皮的颜色是红色的，会把"门子"部分也映照成红色，看起来和血珀一样。所以，购买这种原石时，需要注意这一点。

针对开"门子"的原石，从业者总结了一些具体的鉴别方法。

第一，将外皮的颜色和"门子"的颜色进行比较。如果"门子"的颜色是红色，而且比外皮的颜色深，说明琥珀的肉很可能是血珀；如果"门子"的颜色是红色，但是比外皮的颜色浅，说明"门子"的红色可能是外皮的颜色映射形成的，内部的肉可能不是血珀，而是其他品种，如棕红珀等。

第二，从"门子"仔细观察内部，看内部有没有流淌纹。质量好的血珀一般都没有流淌纹，而较差的品种如棕红珀的内部有流淌纹。

第三，用较强的光线照射原石的"门子"，观察它的颜色，如果呈黑褐色，说明是血棕珀，价值较低。

③观察原石的发光性。用紫外线照射原石，观察发射的荧光。血珀原石的荧光一般是浅绿色。

五、关于血珀的术语

在血珀行业内部，从业者经常使用一些术语或行话。

1. 种

这个术语和翡翠的"种"很像，指血珀的质地。"种"好的血珀质地致密、细腻，而且颜色纯正、鲜艳，净度好、透明度好。

2. 水头

同样，这个术语的意思也和翡翠的"水头"一样，指血珀的透明度。透明度好的称为"水头好"，透明度低的称为"水头差"。

有时候，人们还用"透度""空度""润度"来表示水头。

另外，人们经常把"种"和"水头"两个术语合在一起，称为"种水"（见图2-14）。因为这两个术语存在比较强的联系，种好的血珀，一般水头也好；水头好的血珀，一般种也好。

在行业内，人们根据"种水"把血珀分为了不同的等级。

最高级称为玻璃底或玻璃质。这种血珀的质地非常细腻，而且内部很干净，没有杂质、裂纹、气泡等内含物，所以净度、透明度很高，看起来就像一块玻璃。如果隔着它观察后面，能清楚地看到后面的物体或文字。行业内也经常把这种血珀称为"净水"血珀。

次一级的血珀称为纯化底或纯化质。这种血珀的质地稍微粗一些，可以感觉到内部有细小的颗粒，但是没有明显的杂质，也没有流淌纹。所以，这个品种的透明度稍微低一些，看起来感觉里面有一层薄雾。如果隔着它观察后面，后面的物体或文字比较模糊，不清楚。

质量较差的血珀称为杂化底或杂化质。这种类型的质地比较粗糙，可以看到内部有比较多的杂质，而且尺寸比较大，也能看到内部有流淌纹，还有的内部有棉絮状结构。所以，这种血珀的净度很低，透明度不好，几乎看不清后面的物体或文字。

3. 雾

雾指有的血珀内部含有一些特别小的杂质颗粒，看起来好像里面有一层雾，从而影响透明度。

4. 风化纹

风化纹指血珀原石的表面受自然界的风化产生的细小裂纹。此外，加工的血珀成品如果时间长了，表面也会形成风化纹。

5. 冰裂纹

冰裂纹指血珀原石或成品的表面由于发生氧化而产生的裂纹。这种裂纹看起来一般是网状的，就像一块冰被石头砸了之后产生的那种裂纹一样。

绝大多数血珀的表面都有冰裂纹，基本无法避免。因为即使把产品表面现有的冰裂纹打磨掉，但是暴露在外面的新表面还会继续发生氧化，过一段时间后，冰裂纹还会出现。其他琥珀品种和血珀的仿制品基本没有这种现象，所以人们经常利用这一点来鉴别天然血珀。

图2-14 血珀的种、水

六、血珀的种类

血珀有两种常见的分类方法。

第一种是按产地分类，就是上文中提到的缅甸血珀和波罗的海血珀。

另一种分类方法是按颜色分类。这种方法主要是针对缅甸血珀的，因为缅甸血珀的颜色比较多，主要包括以下类型。

1. 酒红血珀

这种血珀的颜色呈酒红色，就是红葡萄酒的颜色，不是鲜红，而是黑红色，而且颜色均匀。由于带有黑色调，这种血珀看起来会给人一种悠远、深奥、意味深长的感觉，令人沉思、充满遐想。另外，这种血珀的净度好、透明度也很高，看起来很透彻、澄清。所以，酒红血珀是最好的血珀品种。

酒红血珀具有上述特征，是由于在长期的形成过程中氧化作用很充分，所以它们的种、水、色都很理想，质地细腻、致密，透明度高，颜色纯正、均匀，没有杂色。属于典型的玻璃底，净度高，看不到明显的杂质，内部也没有流淌纹。

酒红血珀的颜色有三种：第一种是标准的酒红色，和红葡萄酒的颜色很接近，红色中带一些黑色；第二种是浅酒红色，人们也经常称之为樱桃红，颜色鲜艳，黑色调很少；第三种是深酒红色，即黑红色、深红色或暗红色，黑色调很深。

酒红血珀的颜色种类和氧化程度有关，氧化程度越高，颜色越深，黑色调的浓度越高，见图2-15所示。

图2-15 酒红血珀

2. 金红珀

金红珀又叫金珀底血珀。这种血珀
的颜色是红色中带有金黄色。这是由于
金珀的氧化程度不够，所以金黄色没有
完全氧化成红色。这种血珀的净度也比较高，内部
没有明显的杂质，也没有流淌纹，所以透明度很高，
见图2-16所示。

图2-16 金红珀

图2-17 棕红血珀

3. 棕红血珀

棕红血珀也经常被称为血棕珀，颜
色为比较深的棕红色，看起来给人的感
觉是颜色不纯正，而且净度也较差，内
部经常有流淌纹和雾状的颗粒。所以，
这种血珀的种、水头也较差，在血珀中
是价值较低的品种，见图2-17所示。

第四节
蜜蜡

一、概述

前面介绍的几个琥珀品种基本上是透明的，但是也有琥珀是半透明甚至不透
明的。习惯上，人们把透明的叫做琥珀，而把不透明或半透明的叫做蜜蜡。

在我国，从古至今，人们对蜜蜡的喜爱程度要远高于透明的琥珀。在珠宝市场上可以明显地看到这点，蜜蜡的展位要远远多于透明琥珀展位，购买蜜蜡的人也要远远多于购买透明琥珀的人。

蜜蜡有多种颜色，最常见的是黄色，具体包括金黄色、蜜黄色、蛋黄色、棕黄色、红黄色等。

蜜蜡的光泽比透明的琥珀如金珀、血珀等弱一些，看起来像蜡一样，所以人们称之为蜡状光泽，见图2-18所示。

（a）　　　　　　　　　　　　　　　（b）

图2-18　蜜蜡

二、蜜蜡在我国广受欢迎

从古至今，蜜蜡在我国一直受到人们的喜爱，很多人佩戴蜜蜡饰品或进行收藏。近几年来，随着市场的炒作，在国内的珠宝市场上，蜜蜡成为最受欢迎的品种之一。在2015年的北京国际珠宝展上，蜜蜡的展位是所有珠宝品种展位中最多的。

蜜蜡之所以在我国广受欢迎，原因可以概括为以下几方面。

1. 人们普遍认为，蜜蜡的形成时间比透明琥珀长

人们经常说"千年琥珀，万年蜜蜡"，意思是蜜蜡的形成时间比透明琥珀长。但很多专业人士认为，这种说法并没有确切的依据，所以只能认为这是民间的一种说法。

2. 蜜蜡的外观符合我国多数人的审美标准

人们形容蜜蜡的外观为"色如蜜，光如蜡"。蜜蜡的颜色多数是黄色，不透明或半透明，蜡状光泽。这些特点比较符合我国多数人的审美观和传统文化，黄色代表高贵；不透明或半透明显得比较含蓄、婉约，不张扬；蜡状光泽使得它们具有玉石一样的温润感。

图2-19　蜜蜡原石

此外，每颗蜜蜡的颜色、表面纹理都互不相同，这使得每颗蜜蜡都是独一无二、与众不同的，这也符合人们的心理，见图2-19所示。

3. 蜜蜡有吉祥、平安的寓意

前文中提到过，琥珀是佛教"七宝"之一。实际上，佛家佩戴的佛珠多数是由蜜蜡制作的。佛教认为，蜜蜡具有驱邪、安神的作用，能提高人的定力，从而有助于修行。

在普通百姓心中，人们广泛认为，蜜蜡具有神奇的灵性，能够定性安神，而且能避邪、镇宅、保佑平安，使佩戴者能够遇难成祥、逢凶化吉，从而具有吉祥、平安的寓意。

4. 蜜蜡有养生、保健、医疗价值

在我国医学界，蜜蜡被列为"中医五宝"之一。人们早在远古时期，就发现蜜蜡具有重要的养生、保健、医疗价值。我国著名的古籍《山海经·南山经》中曾记载："其中多育沛，佩之无瑕疾"，"育沛"是我国古代对蜜蜡的称呼。

在古代，我国流传一种说法：琥珀（包括蜜蜡）是老虎死亡后的魂魄变成的。明代的李时珍说："虎死则精魄入地化为石，此物状似之，故谓之虎魄。"医书中记载，琥珀具有"安五脏，定魂魄，消淤血，通五淋"的作用。

后来，包括中国和国外很多国家的人们都发现，蜜蜡具有多方面的养生、保健和医疗价值，能促进人体血液循环，具有活血作用，对一些风湿痛、炎症等疾病有一定的治疗和预防作用；能促进新陈代谢，提高身体免疫力；有一定的养颜、美容及抗衰老作用，能让人容光焕发。

三. 分类

蜜蜡有以下几种分类方法。

1. 按来源进行分类

来源指蜜蜡原石的产出环境，包括海蜡和矿蜡。

（1）海蜡

这种料产于海水中，主要是波罗的海沿岸国家产出这种蜜蜡。

（2）矿蜡

矿蜡也叫矿珀，这种料产于陆地上的矿坑中，有的是从山中开采的，有的是从地下开采的，还有的是从煤矿中开采。缅甸、多米尼加、墨西哥、我国抚顺产出的琥珀就是矿珀。

2. 按颜色进行分类

（1）黄蜜

黄蜜指黄色的蜜蜡，这是蜜蜡中最常见的品种，而且也包括多个品种，每种的颜色互不相同，见图2-20所示。

近年来，在我国的珠宝市场上，人们都追捧"鸡油黄"的品种，见图2-21所示。

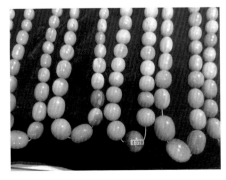

图2-20 黄色蜜蜡

图2-21 "鸡油黄"蜜蜡

（2）金绞蜜

金绞蜜指蜜蜡和金珀混杂在一起的品种。蜜蜡是半透明或不透明的，而金珀是透明的，所以金绞蜜部分透明而部分不透明，而且两者互相缠绕，给人们一种云卷天舒的感觉。整块金绞蜜的形态变化无穷，使得这种蜜蜡特别"耐看"，引人入胜，见图2-22所示。

图2-22　金绞蜜

（3）珍珠蜜

珍珠蜜又称为鸡蛋蜜、半蜜半珀。这种类型的外观很特殊，外层是一层透明的琥珀，中间包裹着一块半透明或不透明的蜜蜡。而且两部分的形状、大小、分界面变化多端，令人惊叹大自然的鬼斧神工，见图2-23所示。

图2-23　珍珠蜜

（4）血蜜蜡

血蜜蜡指血红色的蜜蜡，或不透明、半透明的血珀。它综合了蜜蜡和血珀两方面的特征。

（5）花蜡

花蜡指同一块蜜蜡上包括多种颜色或透明度，比如有的位置是黄色的，有的位置是白色，或有的位置透明度高，有的位置透明度低，见图2-24所示。

图2-24 花蜜蜡（a）

（6）白蜜

白蜜也称为"白蜡"，指一块蜜蜡的全部或部分是白色的。

前文提到过，多数蜜蜡是黄色的，白色的很少见。所以最近一两年，白蜜蜡受到市场的热烈追捧。

关于白蜡受欢迎的原因，一方面是"物以稀为贵"——它的产量特别少；另一方面原因是它的芳香气

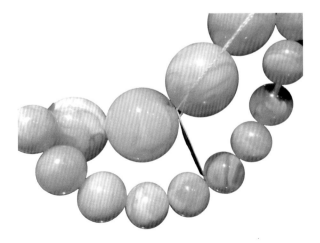

图2-24 花蜜蜡（b）

味比其他的蜜蜡品种更浓，所以白蜜蜡也经常被称为香珀。

白蜡主要产于波罗的海沿岸各国，包括波兰、乌克兰、俄罗斯等。

按照颜色，白蜜蜡还可以细分为不同的品种。

①白花蜡。白花蜡即上文提到的花蜡，或称为花蜜、斑白蜜，这种白蜜蜡的表面包括白色和黄色两种颜色，这种类型最常见，价格比较低，见图2-25所示。

图2-25　白花蜡

②黄白蜜。这种白蜜蜡的颜色呈白色，但带有一些黄色调，见图2-26所示。

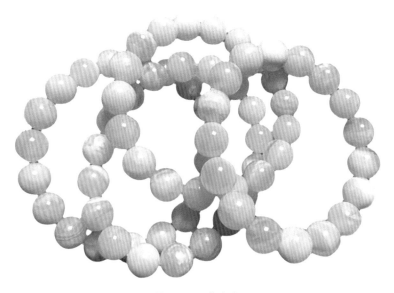

图2-26　黄白蜜

③象牙白蜜蜡。这种白蜜蜡的颜色呈乳白色，和象牙很像，而且质地细腻、致密，具有较强的光泽。看起来有一种圣洁、纯正的感觉，见图2-27所示。所以，这种类型是白蜜蜡中最好的，价值很高，但市场上很难见到。

图2-27　象牙白蜜蜡

3. 按年代进行分类

按照年代，蜜蜡经常被分为新蜜和老蜜两种。

（1）新蜜

新蜜有两种类型。一种指形成时间比较短的蜜蜡。人们一般认为这样的蜜蜡质量较差，比如质地较疏松、粗糙，所以致密度、强度、硬度等都比较低，颜色、光泽也不太好。另一种类型是原料的形成时间比较长，但最近才被开采出来并加工成成品的，也就是成品离现在的时间比较短。见图2-28所示。

图2-28　新蜜蜡

新蜜尤其是第二种类型的主要特征是颜色比较浅，显得比较新鲜。大多数普通消费者主要根据这个特征来判断是不是新蜜。但实际上，颜色浅并不是新蜜的独有的特征，用它来判断经常不准确。

（2）老蜜

与新蜜对应，老蜜也有两种类型。一种指形成时间比较长的蜜蜡。人们一般认为这样的蜜蜡质量较好，质地致密、细腻，致密度、强度、硬度等都比较高，颜色、光泽也比较好。另一种类型是原料的形成时间不一定长，但是很早以前就被开采出来并加工，也就是成品离现在的时间比较长。见图2-29所示。

老蜜尤其是第二种类型的主要特征是颜色比较深，显得比较老、旧，所以多数人根据这个特征来判断。同样，这样判断的结果也经常失误。

图2-29　老蜜蜡

第五节

蓝珀

一、特征

蓝珀是指一种特殊的蓝色琥珀，有的呈天蓝色，有的呈蓝紫色，还有的呈淡蓝色，见图2-30所示。

图2-30 蓝珀

在琥珀行业里，蓝珀被称为"琥珀之王"。这是因为蓝珀的蓝色和其他蓝色物体相比，有以下几个独特的特点。

第一，蓝色浓郁，很漂亮。

第二，其他的蓝色物质就是表面为蓝色，没有别的稀奇之处。而蓝珀的蓝色很特别，蓝珀本身的体色并不是蓝色的，而是淡黄色的，只有被光线照射的表面在暗色背景下才呈蓝色，而背对光线的表面仍为黄色。

第三，照射的光线越强，蓝色越明显。

第四，从不同的角度观察，蓝珀各个位置的颜色会发生多种变化。如果转动蓝珀，它的蓝色部分也会跟着光线发生转动。

第五，如果把蓝珀放在白布或白纸上看，它并不是蓝色的，而是淡黄色的。如果慢慢转动，仔细观察，会发现它的表面发出一些蓝色。如果把它放在深色的底色上看，才会看到它是蓝色的。

第六，用紫光灯照射时，整块蓝珀会发出很强的蓝色荧光。

由于具有上述特殊的光学效果，所以蓝珀被称为"琥珀之王"，多年以来深受人们的喜爱，具有很高的收藏价值和升值潜力，获得众多投资者的青睐，价格屡创新高。

二、颜色成因

蓝珀产于中美洲的多米尼加共和国，这里是全世界蓝珀的唯一产地。

多米尼加位于伊斯帕尼奥拉岛，这个岛是个火山岛，面积只有7.6万km²。关于蓝珀的颜色的成因，主要可以归结于这里独特的环境和地质条件，主要包括两个方面。

第一，一般的琥珀是由松树等植物分泌的树脂形成的，而蓝珀很特别，它们是由豆科植物分泌的树脂形成的。在古代，这个岛上有很多豆科植物。

第二，这个岛是个火山岛，火山爆发时产生高温，琥珀在高温作用下发生复杂的化学反应，产生了一种特殊的物质，叫多环芳香分子。这种物质是一种光感材料，在受到外界光线照射时，会发出蓝色的荧光。

多环芳香分子只有受到较强的光线照射时才能发出蓝色荧光，而且光线的强度越高，发出的蓝色荧光越强烈，所以，蓝珀只有被光线照射的部分才会显示蓝色，而背光的部分并不是蓝色的。另外，蓝珀里包含的多环芳香分子的数量越多，蓝色越明显。

在白色背景下观察蓝珀时，即使蓝珀被光线照射的部分发出了蓝色荧光，但这些荧光很容易被白色背景反射的可见光遮盖住，所以不容易看到；如果把蓝珀放在深色背景下，比如放在一块黑布上面看，由于可见光被黑布吸收了，所以蓝珀发出的蓝色荧光就容易被看到。这就是蓝珀在白色的背景下是淡黄色而只有在深色背景下才呈现蓝色的原因。这种情况和大家很熟悉的一种现象很相似。月亮和星星在白天时看不到，而在晚上才能看到，原因就是，白天时阳光比较强，月光和星光都被掩盖了，而在晚上，没有了阳光，月光和星光就容易看到了。

三、性质特点

与其他的琥珀品种相比，蓝珀的荧光效应具有以下几个特点。

①其他的琥珀品种在紫外灯的照射下也会发蓝色荧光，但是，蓝珀的荧光反应比其他品种要强得多，即使被太阳光照射时，在暗色背景下，也会看到明显的荧光。

②蓝珀在长波紫外线的照射下，发出明亮的蓝色荧光，强度比其他琥珀品种高。

③在短波紫外线的照射下，蓝珀发射的荧光呈绿色，和其他的琥珀品种相近。

四、产地与市场

多米尼加是蓝珀的唯一产地，而且产量很小。据资料介绍，蓝珀原石的月产量还不到20kg，而且多数质量不理想，优质产品的产量只有5 kg左右。所以，蓝珀是多米尼加的特产和国宝，在国际珠宝市场上，蓝珀的价格也非常高。在我国，近几年蓝珀的价格高达每克数千甚至万元以上。从价格上来说，蓝珀也是名副其实的琥珀之王。

其他品种

除了上面介绍的品种外，琥珀还有其他一些品种。有的由于数量少，性质奇异，有比较高的收藏价值。

一、香珀

香珀是指用手用力摩擦就能发出松香味的琥珀，见图2-31所示。一般的琥珀只有在燃烧或打磨、钻孔时才会发出香味。

很多白蜜蜡具有散发香味的性质，所以人们经常也把白蜜蜡称为香珀，有人甚至根据颜色来判断是不是香珀。白色部分的比例越高，就认为越有可能是香珀。实际上，这种看法是不对的，因为这两者并不完全是一回事。香珀是指容易发出香味的琥珀，除了一些白蜜蜡属于香珀外，其他一些品种也属于香珀；同样，并不是所有的白蜜蜡都是香珀，多数白蜜蜡很香，属于香珀，但有的白蜜蜡并不香，所以不能叫香珀。

所以，判断琥珀是不是香珀需要根据它的气味，而不能根据颜色。因为琥珀有没有香味，取决于它的化学成分和微观结构，而不是颜色。比如，琥珀包含的能散发香味的物质（芳香族物质）越多、结构越疏松、质地越松散，芳香族物质的小颗粒就越容易挥发出来，从而就显得香味越浓。

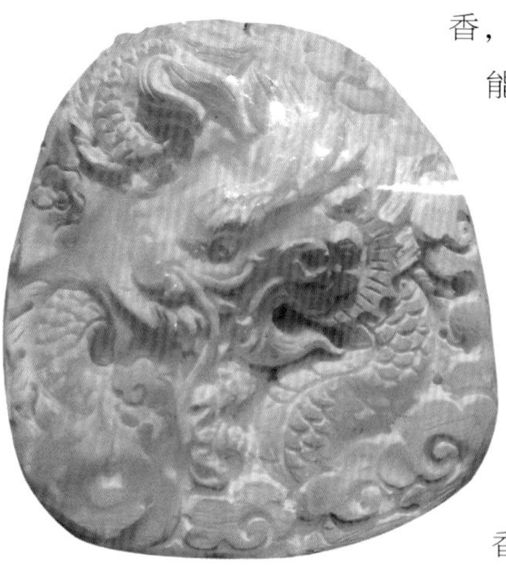

图2-31 香珀

二、翳珀

翳珀是一种在正常光线下呈黑色、在强光照射下透出红点或斑块的琥珀。也就是粗看时，翳珀是黑色的，不透明，所以很多时候并不引人注意，但仔细看或对着强光看时，可以发现，它实际是黑红色的，内部有很多红点、红块等，当左右、上下转动时，红点、红块也会跟着转动。

翳珀在古今中外都被认为是琥珀中的极品，我国古代典籍中将它称为"众珀之长、琥珀之圣"。

目前，大家普遍认为，翳珀是由血珀发生进一步的氧化而形成的，血珀的颜色为红色、深红色，发生氧化后，颜色进一步变深、发黑，最后，表面成为幽深的黑色，而内部的氧化程度稍微低一些，仍带有一些红色。

有很多人把翳珀归为血珀的一个类型，这样并不妥当。因为虽然它是由血珀氧化得到的，但是它的化学组成、微观结构、颜色、透明度等性质都已经发生了很大的变化。这就和血珀与金珀的关系差不多，血珀是由金珀发生氧化形成的，但是二者的化学组成、微观结构、颜色、透明度等性质相差很大，所以人们把它们列为琥珀的两种类型。所以，翳珀也应该是独立于血珀的另一种类型。

翳珀的产地主要是缅甸，产量稀少，所以属于名贵产品。

三、骨珀

骨珀是一种呈骨白色的琥珀。和象牙白蜜蜡相比，这种琥珀从外观上看质地比较疏松，光泽不强，透明度也较差，显得发干，温润感比较差。

所以，如果单看质量，骨珀的等级不如其他很多品种的琥珀，但由于产量很少，所以价值反而很高。

四、花珀

花珀是指内部含有放射状裂纹的金珀，这种放射状裂纹看起来和太阳放出的光芒很像，所以人们把它们称为"太阳光芒"或"太阳花"，见图2-32所示。

图2-32 花珀

　　花珀内部的"太阳花"看起来绚丽多彩，这使得花珀在所有的琥珀品种中独树一帜，而且花珀的储量很稀少，因此很珍贵。

　　"太阳花"是琥珀在形成过程中，受温度、外力等多方面作用形成的。这种结构的裂纹有一种特殊的"分光效应"，它们本身没有颜色，但是由于它们的尺寸比较特殊，光线照射到表面后，会发生分解，白光变为五颜六色的七种单色光，所以，花珀内部的太阳花看起来五光十色、色彩斑斓。

　　有的花珀内部形成了很多美妙的图案、花纹等。由于是天然形成的，所以多数都是独一无二的，价值很高。

五、石珀

石珀是指发生了石化的琥珀。石化指琥珀中混入了无机物的成分，比如二氧化硅、碳酸钙等。和树化玉的道理相同。

由于包含较多的无机物，所以石珀的硬度比其他琥珀品种高，颜色、光泽、折射率等性质差异也比较大。

在自然界的作用下，有的石珀也具有独特的外观，比如一些奇妙的图案、花纹等，所以价值不菲。

六、根珀

根珀的化学组成和石珀很像，也是琥珀中混入了无机物成分，如方解石、石英、云母等。由于有机物和无机物互相混杂，所以形成了很多纹理和图案，有的和树木的纹理很像，见图2-33所示。

图2-33 根珀

从外观看，多数根珀的质地比较粗，不透明，颜色以褐色、黑色、灰色为主，不像其他的一些品种那么鲜艳。

由于含有无机物，所以根珀的硬度比较高。

根珀的外观不同，价格存在很大差别。有的花纹、图案很漂亮，就会受到人们的追捧，价格自然很高；反之，如果外观平淡无奇，难以引起人们的关注，价格就比较低。

根珀的产地包括缅甸和波罗的海。

七、水胆珀

这种琥珀的内部有的位置是空的，里面含有水分，和水胆玛瑙一样。这种琥珀由于很少见，所以是非常珍贵的品种。

第三章

琥珀价值的判断方法

part 3

购买琥珀时，经常会发现，很多产品看起来好像差不多，但是价格却相差很多。所以这使得很多人心里没底，感觉这个行业"水"很深。

实际上，琥珀和其他商品一样，价值、价格取决于多方面的因素，包括琥珀的品种、产品自身的质量，另外还包括一些其他因素，比如投资者的追捧、炒作，市场供求关系等（见图3-1）。

本章向读者介绍影响琥珀价值的主要因素，使读者能了解并掌握判断琥珀价值的一些方法，在选购时能有一定的依据。

图3-1　琥珀的价值

第一节

琥珀的价格影响要素

前一章介绍琥珀种类时，已经提到，种类不同，琥珀的价格相差很大，见图3-2所示。目前，在国内市场上，总体来说，蓝珀的价格最高，其次是蜜蜡。蜜蜡的价格同样和品种有关。这一两年，白蜜的价格最高，鸡油黄次之。

虫珀、血珀、金珀等也都是受人喜爱的品种。

（a）蓝珀

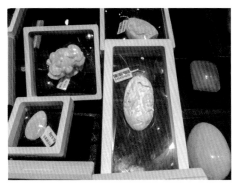
（b）蜜蜡

（c）虫珀原石

图3-2　琥珀的种类和价格

第二节

虫珀的包裹体

　　虫珀是一种稀少、珍贵的琥珀，在所有的琥珀品种中，虫珀一方面具有很好的装饰价值和观赏价值，同时还具有重要的学术价值。

　　具体来说，虫珀的价值也互不相同，存在比较大的差异。虫珀的价值高低主要和内部的包裹体，主要是动植物遗体有关，所以，包裹体的质量对虫珀的价值具有决定性的影响。

一、动植物的种类

　　虫珀内包裹的动植物种类越珍贵，则整个虫珀的价值越高。总体来说，蚊蝇类的昆虫较常见，爬虫类比较少，所以，含有爬虫的虫珀价值要高得多。

　　在北京举办了一次虫珀展览会上，一件虫珀中包裹着一只蜗牛，另一件虫珀内部包裹着一只蜥蜴，还有一件虫珀内部包裹着一只螃蟹。据称，这是世界上发现的第一件包含螃蟹的琥珀。最珍贵的一件虫珀中包裹着恐龙的尾巴。

　　无疑，这些虫珀的价值和意义不只限于首饰、工艺品，更多地体现在它们的学术价值、考古价值、收藏价值，可以说是无价之宝，无法用金钱来衡量。

　　除了动物外，很多琥珀内部包裹着植物，它们也叫虫珀。比如，有的包裹着小草，有的包裹着蘑菇，还有的包裹着花朵，见图3-3所示。

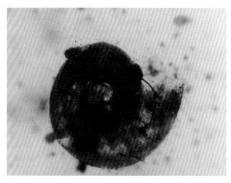　

（a）琥珀中的蜗牛　　　　　　　　　　（b）琥珀中的花朵

图3-3　动植物的种类

二、动植物体的形态

　　虫珀内部的动植物的形态对虫珀的价值影响也很大。可以说，虫珀是古代技艺高超的摄影师，它们把昆虫瞬间的行为变成了永恒，供后人欣赏、研究。有的昆虫的行为，可能现代人花费大量的时间和金钱也不一定能看到。

一般来说，虫珀内昆虫的形态的价值，主要包括三种情况。

（1）动态的要高于静态的

有的虫珀内的动物的姿态比较僵，显得呆板，而有的是动态的，比如正在爬动、跳跃，或捕食、打斗等，见图3-4所示。自然，这样的虫珀更容易引起人们的兴趣，所以价值更高。

（2）特殊、少见的要高于普通、常见的

有的形态比较常见，价值就比较低；有的动物形态比较少见，人们会更感兴趣，所以价值会更高。

（3）群体性、互相配合的要高于单独、自娱自乐的

群体性、互相配合的动植物的形态形成了一幕情景，见图3-5所示，这样的虫珀是可遇不可求的，所以价值很高。

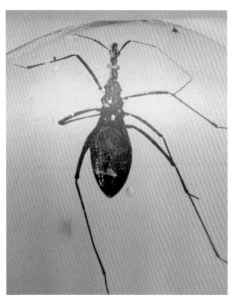

图3-4 动物的形态

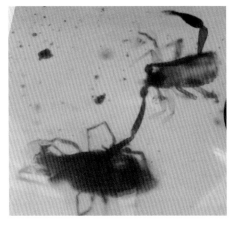

（a）动物捕食

（b）蚂蚁打架

图3-5 群体性的形态

三、动植物体的完整程度

虫珀内包裹的动植物身体很多都残缺不全，比如有的蚊蝇的腿少了或断了，有的翅膀断了，有的没有了脑袋，有的没有了尾巴……这些都会使虫珀的价值大打折扣。反之，如果动植物体很完整，见图3-6所示，虫珀的价值就会得到很好地体现。

图3-6 动物体的完整度

四、动植物体的大小

一般来说，动植物体越大，形成虫珀的难度越高。所以，虫珀内的动植物体越大，看起来越明显，虫珀的价值越高。

另外，如果是动物，体积越大，一般力量也会比较大，即使有时候被一两滴树脂粘住，它们也比较容易挣脱，从而不容易被树脂包裹形成虫珀。所以，虫珀里不容易见到比较大的昆虫。如果有这样的虫珀，那价值自然会比较高。

五、动植物体的清晰度

虫珀内的动植物体看起来越清晰，观赏价值自然就越高。清晰度一方面取决于虫体自身的形态，另一方面也和琥珀主体的颜色、透明度、净度等有关系，见图3-7所示。

图3-7 动物的大小和清晰度

六、动植物体的数量

在其他因素相同的情况下，虫珀内的动植物体数量越多，价值越高。而且，多个动植物体容易形成罕见的情景珀，见图3-8所示。

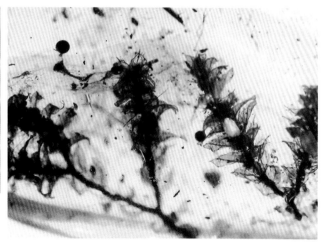

图3-8　含动植物数量较多的虫珀

七、动植物体的位置

　　动植物体在虫珀内的位置也会影响虫珀的价值。一般来说，位置越接近中央，观赏效果越好，所以价值越高。

第三节

琥珀的颜色

　　和其他宝玉石品种一样，琥珀的颜色对其价值影响很大。

　　琥珀的颜色首先和品种有关，比如前面提到的蓝珀、金珀、血珀等，这里不再多说。

　　对同一个品种的琥珀，颜色也可以分为不同的等级。有时候，不同等级的价格差异很大，所以，颜色是评价琥珀质量和价格的一个重要因素。

　　关于琥珀颜色的等级，可以采用翡翠行业中的四个字进行评价——"正、阳、浓、和"。正，指颜色纯正，没有其他杂色；阳，指颜色鲜艳、明亮，不发闷、不发暗；浓，指颜色饱和；和，指颜色自然、均匀、柔和、自然，看起来舒服，不突兀。

一、蓝珀的颜色等级

蓝珀的颜色有多种，其中天蓝色的等级最高，最受投资者欢迎，其次是蓝紫色，也比较受欢迎，其他如海蓝色、蓝绿色、灰蓝色的级别较低，见图3-9所示。

图3-9　蓝珀的颜色

二、蜜蜡的颜色等级

蜜蜡的颜色也有多种，即使是常见的黄色蜜蜡，颜色也分好几种，价值互不相同。近几年，"鸡油黄"品种特别受欢迎，见图3-10所示。

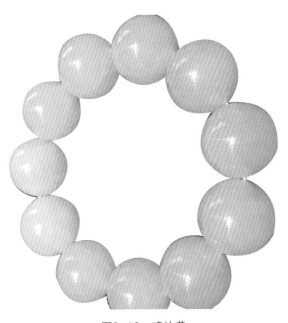

图3-10　鸡油黄

此外，白蜜蜡在近一两年受到热烈追捧，价格涨势凶猛。其中，白色越纯、没有黄色等杂色的品种等级比较高，等级最高的是象牙白，见图3-11所示。

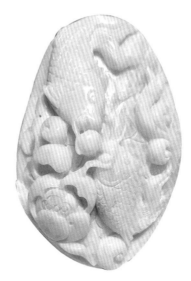

图3-11 白蜜蜡

图3-12 酒红血珀

三、血珀的颜色等级

对血珀来说，等级最高的颜色是酒红色，看起来和红葡萄酒的颜色很接近，红色中带一些黑色调，见图3-12所示。

樱桃红色的质量次之，这种血珀的颜色也很鲜艳，只是其中的黑色调比酒红色少一些。

深酒红色的血珀再次之，这种血珀中的黑色调比较深，看起来发黑，影响透明度，所以等级较低，见图3-13所示。

金红珀的颜色是红色中夹杂着少许金黄色，等级和樱桃红品种相当。

血棕珀的颜色为棕红色，红色中带有较多的黄色调，显得纯度不高，所以颜色等级是最低的。

图3-13　血珀

四、金珀的颜色等级

在金珀中，黄金珀呈明亮、耀眼的金黄色，见图3-14所示，最受人欢迎，所以颜色等级最高。

金棕珀的颜色比黄金珀更红、更深，等级较低。

茶金珀（见图3-15）的颜色比金棕珀还深，显得发黑、发暗，看起来和隔夜的茶水很像，等级更低。

图3-14　黄金珀

图3-15　茶金珀

五、多种颜色形成的图案或纹路

前文介绍的颜色主要考虑的是单一的颜色，实际上，很多琥珀的表面经常具有两种或多种颜色。有时候，这些不同的颜色互相组合，会形成一些有特色的图案或花纹，有很好的观赏价值和收藏价值，深受人们的喜爱，价格会特别高，见图3-16所示。

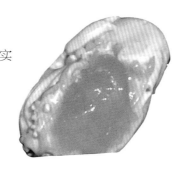

图3-16 "鸡蛋"琥珀

第四节
琥珀的质地

和翡翠的"种"一样，琥珀的质地指琥珀的微观结构，具体包括几个方面：构成微粒的尺寸大小；微粒的排列紧密程度；坚韧程度。

质地是评价琥珀质量的一个重要指标，对琥珀的价格有重要的影响。一般来说，构成琥珀的微粒的尺寸越细小越好，这样，琥珀的质地就越细腻；微粒排列越紧密越好，这样，琥珀的质地就越致密。如果具备了以上两个特点，琥珀的质地就会比较坚韧。

此外，质地还会影响琥珀的其他方面的性质，包括颜色、光泽、透明度、净度、雕刻加工性能等。

①如果琥珀的质地比较细腻、致密，琥珀的颜色看起来也会比较鲜艳、柔和、纯净，光泽强烈；反之，如果质地比较粗糙，琥珀的颜色就会显得生硬，看起来感觉不舒服。这一点和数码相机拍摄的照片很相似。数码相机的分辨率高时，就相当于相纸的质地细腻、致密，拍摄的照片的颜色看起来效果就比较好；反之，如果数码相机的分辨率低，就会感觉照片上有一块块的方块，也就是马赛克，照片上的景物的颜色效果就不好。

②如果琥珀的质地比较细腻、致密，一般来说，琥珀的透明度和净度也比较高；如果质地粗糙，琥珀的透明度和净度也会降低。

③如果琥珀的质地比较细腻、致密，则强度、韧性都比较高，在进行雕刻加

工时比较容易，能够雕刻出复杂、精细的形状和结构。如果质地粗糙，那么琥珀就比较疏松、松散，又软又脆，这样就很难进行雕刻加工。

一、蜜蜡

1. 黄色品种

同样，高品质的蜜蜡也要求质地致密、细腻、坚韧，从而突出它们的颜色、光泽。比如近几年深受喜爱的鸡油黄就是由于质地优良，所以颜色、光泽才很突出，见图3-17所示。

2. 白蜜蜡

很多白蜜的芳香气味比其他蜜蜡品种浓，这和它们的质地也有一定的关系。内部的微粒细小，所以其中的芳香族物质容易挥发，从而散发出较浓的香味，见图3-18所示。

前文中提到过，象牙白蜜蜡是白蜜蜡中最好的品种，这主要是和它的质地有关。就是由于它的质地细腻、致密、坚韧，所以颜色、光泽才会和象牙很像。

图3-17　黄蜜蜡的质地　　　　　图3-18　白蜜蜡的质地

3. 新蜜和老蜜

按照年代，蜜蜡可以分为新蜜和老蜜。老蜜由于形成时间比较长，所以质地致密、细腻，致密度、强度、硬度等都比较高，颜色、光泽也比较好，见图3-19所示；而新蜜的形成时间比较短，质地较疏松、粗糙，所以致密度、强度、硬度等都比较低，颜色、光泽也不太好，见图3-20所示。

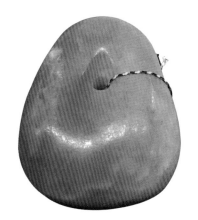 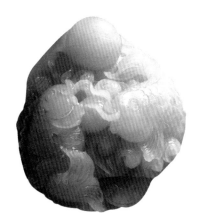

图3-19　老蜜蜡的质地　　　　　图3-20　新蜜蜡的质地

二、蓝珀

蓝珀也要求质地致密、细腻、坚韧，从而突出它们的颜色、光泽、透明度，见图3-21所示。比如天蓝色的品种，颜色鲜艳、纯正，同时透明度和净度也比较高，看起来清澈、透明。

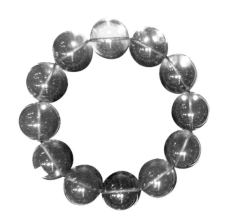 

图3-21　蓝珀的质地

三、血珀

血珀也要求质地致密、细腻、坚韧，从而突出它们的颜色、光泽、透明度，见图3-22所示。比如酒红血珀，颜色呈鲜艳、纯正的酒红色，同时使得透明度和净度也比较高，看起来显得很透彻、悠远，和高级红葡萄酒很像。

图3-22　血珀的质地

四、金珀

金珀要求质地致密、细腻、坚韧，这样才能突出它们的颜色、光泽、透明度，见图3-23所示。比如对黄金珀来说，颜色呈明亮、耀眼的金黄色，透明度和净度都比较高，看起来清澈、透明。

图3-23　金珀的质地

五、骨珀

实际上，骨珀的质地并不理想，比较粗糙、松软，颜色和光泽与象牙白蜜蜡相差都比较大。只是由于骨珀比较稀少，所以价格才比较高。

第五节

琥珀的透明度

琥珀的品种不同，对透明度的要求也不同。有的品种要求透明度尽量高，而有的品种对透明度要求不高。透明度对其他性质如颜色、光泽等也有影响。透明度高，颜色会显得更鲜艳，光泽也比较强。

影响透明度的因素很多，包括化学成分、显微结构、内部包含的杂质等。

一、蜜蜡的透明度

多数蜜蜡的透明度比较低，一般为半透明、微透明或不透明，见图3-24所示。但品质好的蜜蜡要求有一定的透明度，即微透明或半透明，这样它们的颜色才会更鲜艳、纯正，质地致密、细腻，光泽也较好，温润感比较强。反之，如果完全不透明，颜色、光泽的等级会降低，质地会显得干涩、粗糙、疏松。

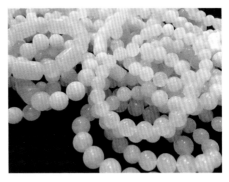

图3-24 蜜蜡的透明度

二、蓝珀的透明度

对蓝珀来说，要求透明度尽量高，颜色看起来会更纯正、鲜艳、醒目，见图3-25所示。

图3-25 蓝珀的透明度

三、血珀的透明度

血珀的透明度越高，质量等级也越高，见图3-26所示。对最好的品种——酒红血珀来说，只有透明度比较高时，颜色才会显得更纯正，质地也才更通透、清澈。

图3-26　血珀的透明度

四、金珀的透明度

金珀对透明度的要求也很高，尤其是黄金珀。当透明度高时，金黄色会更明亮、耀眼、鲜艳、纯正，质地清澈、通透，从而受人欢迎，收藏价值和投资价值都比较高，见图3-27所示。

图3-27　金珀的透明度

五、多种透明度形成的图案或纹理

很多琥珀的透明度并不是单一的，就是说在一块产品上，有的位置透明度高，而有的位置透明度低。这样，它们互相结合，经常形成一些图案或纹理。有的产品上的图案或纹理特别漂亮，有的经过加工后，还具有一些吉祥的寓意，惹

人喜爱，有很好的观赏价值和收藏价值，价格会特别高。金绞蜜、珍珠蜜就属于
这样的品种。

琥珀的净度

净度指琥珀内部的洁净程度。琥珀内的缺陷，如杂质、裂纹、气泡、斑点等
会使净度降低。

缺陷和瑕疵的数量、大小、位置、明显程度等对净度都有影响，比如，缺陷
数量越多，净度级别越低；缺陷的尺寸越大，净度级别越低；缺陷越靠近中心位
置，也就是越显眼，净度级别越低；缺陷越明亮，与周围的反差越大，也就是越
显眼，净度级别越低。

所有的琥珀品种都要求净度越高越好。净度对琥珀的其他性质如颜色、透明
度等也有影响。净度高，颜色会显得更鲜艳，透明度也会更高。

一、蓝珀的净度

判断蓝珀的净度时，要看内部的缺陷、杂
质，如气泡、裂纹、斑点、包裹的动植物碎块
等，见图3-28所示。内部的缺陷、杂质数量越
少，蓝珀的净度越高，透明度也会提高，内部会
显得通透、清澈，颜色也会更纯正、鲜艳，质量
越好，价值也越高。

图3-28 蓝珀的净度

二、血珀的净度

血珀的净度越高，质量越好，价值也越高。所以，判断血珀的质量和价值
的依据之一就是看内部的缺陷、杂质等，包括气泡、裂纹、斑点、包裹的动植
物碎块等。这些瑕疵和杂质越少，血珀的净度就越高，透明度也越高，看起来

通透、清澈，透字清晰，颜色等级也
会提高，会更纯正、鲜艳，见图3-29
所示。

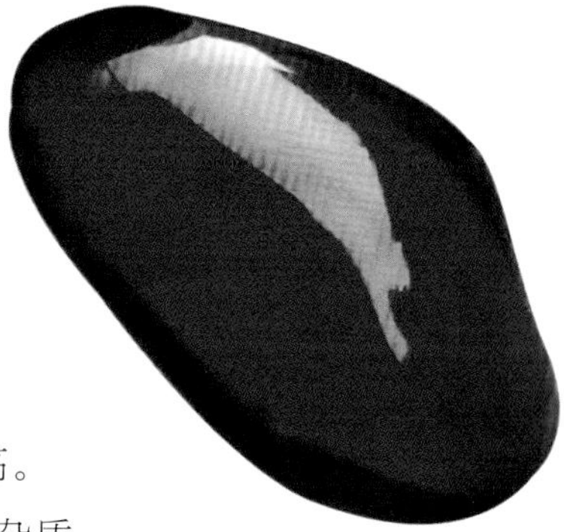

三、金珀的净度

　　金珀的净度越高，质量越好，价值也越高。
判断金珀的净度时，首先要看内部的缺陷、杂质，
如气泡、裂纹、斑点、包裹的动植物碎块，见图

图3-29　血珀的净度

3-30所示。另外，还要注意看内部的流淌纹，流淌纹也属于一种缺陷，会使金珀
的净度降低。

　　金珀内部的缺陷、杂质数量越少，流淌纹越不明显，产品的净度就越高，而
且透明度也越高，看起来通透、清澈，颜色等级也会提高，会更纯正、鲜艳，所
以整体质量越好，价值越高。

四、蜜蜡的净度

　　蜜蜡虽然对透明度的要求不高，但对净度的要求比较高，尤其是表面。如
果表面有杂质、裂纹、斑点等缺陷，蜜蜡的整体质量和价值都会受影响。尤
其是鸡油黄、白蜡等贵重品种，净度要尽可能高，做到纯净无瑕，见图3-31
所示。

图3-30　金珀中的杂质

图3-31　蜜蜡的净度

琥珀的加工工艺

加工工艺对琥珀的质量和价值也有重要影响。

常言说："玉不琢不成器"，对琥珀来说也是这样。即使原料的质量很好，但是也需要借助高超的加工，才能把它们的品质充分地展现给人们，见图3-32所示。玉雕行业中有一句行话叫"料工各半"，指的就是这个意思。

图3-32　琥珀的加工工艺

多数天然琥珀原料存在各种各样的缺陷或瑕疵，比如裂纹、气泡、杂色、斑点等。要想提高它们的价值，更需要进行巧妙的设计、加工。对有的原料，加工工艺甚至能起到起死回生的作用。

琥珀的加工工艺主要包括产品的造型设计和加工工艺质量两个方面。

一、产品的造型设计

根据原料自身的颜色、形状、透明度、存在的缺陷，进行构思与设计，争取把原料的优点充分体现出来，同时还要将缺陷的影响尽量减小。玉雕行业中有一句行话叫"无绺不做花"，就是指如果原料本身的品质很好，那就没有必要刻意地雕琢，只需要把原料的自然美展现出来就行。如果原料存在一些瑕疵，为了掩盖它们，人们就经常进行比较复杂的雕琢、加工。

产品设计的最高境界是变不利为有利，即将缺陷利用起来，构成整个产品不可分割的组成部分，甚至为产品起到一个画龙点睛的作用，这就是常说的"俏色",见图3-33所示。玉雕行业中所说的"因材施艺",即充分利用原料自身的一切特征,进行巧妙的构思,使产品的造型新颖、而且有内涵、有寓意。在这方面,最典型的产品就是用翡翠加工的翡翠白菜和翡翠绿叶。

图3-33 俏色

二、加工工艺质量

加工工艺质量指加工水平，比如加工缺陷要尽量少，产品的线条应该流畅、圆润，表面应该比较光滑、没有划痕，见图3-34所示。这方面对加工人员的技术要求很高。

图3-34　工艺质量

　　除了传统的加工技术外，有很多企业和技术人员还在开发新型的加工工艺和技术，比如阴雕工艺、双色琥珀等。阴雕工艺常用的一种方法是，把浅色琥珀进行加热处理，使表面的颜色变深，在底面上雕刻各种图案，然后将表面的暗色外皮磨掉并抛光。这样，通过表面观察雕刻的图案时，由于背景的颜色比较深，所以看起来有一种特别的感觉。

　　双色琥珀常见的一种方法是以血珀为原料，把部分表面打磨掉，露出内部的金黄色，而其他部分仍为红色，通过巧妙的设计，可以使两种颜色形成各种美妙的图案。

第八节
琥珀的块度

　　琥珀的块度对琥珀的质量和价值影响也很大，见图3-35所示。和其他宝石品种一样，块度越大的琥珀，含量越少，而且是以指数关系减少。比如，1g的原料储量是10000t，2g的原料储量并不是1g的储量的二分之一，即5000t，而是四分之一，即2500t左右，3g的原料储量是1g储量的九分之一，即1000t左右……

　　由于储量以指数形式减少，所以原料的价格会以指数关系上升，即1g的料价格为10元，2g的料价格不是1g的2倍，即20元，而是4倍，即40元，3g的料的价格是1g的9倍，即90元……

　　在市场上，琥珀的重量和价格之间的关系主要包括下面几种形式。

1. 大块产品的单价比小块高

　　在市场上，人们一般把琥珀成品按重量或尺寸分为不同的等级，每个等级的单价都不一样。比如雕刻品，10g以下的为一个等级、10~20g的为一个等级、20~50g为一个等级……10g以下的单价为100~150元/g，10~20g的单价就变成了150~250元/g，20~50g的单价则涨到了250~400元/g，见表3-1所示。

图3-35　琥珀雕刻品的块度

表3-1　琥珀雕刻件的重量和价格之间的关系

重量	价格
10g以下	100~150元/g
10~20g	150~250元/g
20~50g	250~400元/g

 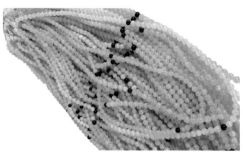

图3-36　圆珠的块度

对手串来说，一般按圆珠的直径划分等级，见图3-36所示，直径越大，单价越高，表3-2是某市场的蜜蜡手串的圆珠直径和价格的关系。

表3-2   蜜蜡手串的圆珠直径和价格之间的关系

直径（mm）	价格
10mm以下	150~250元/g
10~15mm	250~400元/g
15mm以上	400~600元/g

表3-3   是某市场的血珀手串的价格和圆珠直径之间的关系。

表3-3   血珀手串的价格和圆珠直径间的关系

直径（mm）	价格
8mm以下	70元/g
8~12mm	70~150元/g
12~16mm	150~260元/g
16~20mm	260~400元/g
20mm以上	400元以上/g

对于珍贵品种，如蓝珀、血珀、蜜蜡等，直径15mm以上的圆珠手串在市场上很难见到，已经属于收藏级别了，见图3-37所示。

图3-37   收藏级的蓝珀手串

2. 成品的形状不同，价格也不同

①形状规则的比随形的贵。因为要把原料加工成形状规则的产品，原料损耗更多。比如圆珠的价格比随形的雕件贵，见图3-38所示，就是因为把原料做成圆珠，大部分料都损耗了，成品的重量就很轻；而如果做成随形件，损耗的料就很少，产品的重量很重。

图3-38　琥珀的形状与价格

②圆珠的价格比桶珠贵。一般来说，同一块原料，如果加工成圆珠，损耗会比较大，得到的圆珠的重量较轻，而加工成桶珠，原料的损耗较少，桶珠的重量会比较重，见图3-39所示。

图3-39　蓝珀桶珠

③桶珠的价格比平安扣贵，随形件最便宜，包括多数雕刻件。原因还是和原料损耗有关。

第九节

其他因素

除了前面所述的因素外，还有一些因素也会影响琥珀的质量和价格，有时候起的作用甚至更大、更明显、也更快。

一、形成时间

多数时候，人们更喜欢老琥珀，即形成时间长的琥珀，最典型的例子就是老蜜蜡。因为它形成时间长，所以质地更细腻、致密，更加坚韧。因此，老蜜蜡的价格比新蜜蜡贵很多，见图3-40所示。

图3-40　老蜜蜡

二、产地

由于市场、人们的偏好以及产品品质等原因，很多琥珀的价格受产地的影响很大。

总体来说，目前国内市场上，波罗的海的价格更高一些，缅甸的稍微便宜一些。在波罗的海的几个国家里，波兰的料贵一些，乌克兰、俄罗斯的比较便宜。

对蓝珀来说，多米尼加和墨西哥都有产出，其中最好的"天空蓝"品种主要产于多米尼加，而墨西哥蓝珀很多是蓝绿色。所以在市场上，多米尼加的蓝珀较贵，而墨西哥的比较便宜。

三、销售方式

商家销售琥珀原石时，经常采取两种方式：一种是零售，一种是批发。如果原石质量比较好，就采取零售方式，这样价格就比较高。如果多数原石的质量不太好，主要就采取批发的形式，价格比较低，但是其中质量好的原石的价格也就被拉低了，见图3-41所示。

图3-41　批发的原石

四、市场情况

除了产品自身的品质外，一些外界因素如市场情况也会影响产品的价格。很多时候，这些因素是突发的、不确定性很大，无法预料，也难以控制。

1. 市场供求情况

常言说"物以稀为贵"，所以，市场供求情况对琥珀的价格影响很大，有时候，价格会出现"过山车"一样的剧烈波动。比如，有的原料出口国突然决定压缩产量，或限制出口，这样就会使市场供应量减少，从而导致产品价格上涨。

反之，有时候，有的国家鼓励出口，或者在某地发现了储量很大的新矿，这自然会导致市场供应量增加，从而产品价格下降。

2. 人为炒作

由于多种原因，市场上经常会出现人为炒作现象，导致人们疯狂地追捧某些品种，这样就导致它们的价格出现不正常的上涨。过一段时间后，人们可能又去追捧另一些品种，从而使得这些品种的价格又急剧升高，而原来的品种价格剧烈下降。

最近几年的一些品种，比如蜜蜡，包括满蜜、鸡油黄、白蜜，以及蓝珀，多数都受到了炒作的影响。虽然它们本身的储量确实比较低，同时也具有一些独特的性质特点，但目前的高昂的价格在很大程度上是市场炒作、追捧形成的。

3. 国内外经济形势的变化

国内外经济形势的变化会影响人们的收入、投资、收藏的意愿和能力，从而不可避免地会影响琥珀的价格。

第四章

琥珀的鉴定

part 4

由于市场上存在相当数量的琥珀优化处理品、压制琥珀和仿制品等，而且，琥珀的造假技术还在不断发展，不断出现新技术、新产品。

为了避免买到假冒伪劣产品，蒙受经济和情感上的损失，就需要掌握必要的鉴别方法。

本部分先从整体上介绍琥珀的鉴定知识，包括鉴定的目的、鉴定原理、遵循的原则、鉴定步骤、鉴定工具和仪器。读者就可以消除对宝石鉴定的神秘感，增强自己的信心，从而能够提高鉴定水平。

第一节

鉴定的目的

平时，我们经常听到"真琥珀""假琥珀"的说法，所以认为鉴定的目的就是区别出真和假，实际上，这种说法不太严谨。因为我们平时所说的"真琥珀"指的是天然琥珀，"假琥珀"实际上包括好几类，即优化处理琥珀、压制琥珀和仿制品。

从专业角度来说，鉴定的目的包括几个层次：第一个层次，应该判断出样品是天然琥珀还是非天然琥珀；第二个层次，如果是非天然琥珀，应进一步判断是优化处理品、压制琥珀、仿制品、或其他品种；下一个层次，就是再进一步区分，比如，如果是优化处理品，那它是哪种处理品，是烤色的、压固的、还是染色的或覆膜的，或者如果是仿制品，它是哪种仿制品，是柯巴树脂、亚克力还是玻璃。

第二节

鉴定原理

很多人认为宝石鉴定有一种神秘感，认为那离自己非常遥远，只有那些白头发、白胡子的专家才能有那个本事，自己的能力完全是可望而不可及。

实际上，这是一种误解。宝石鉴定没有那么神秘、也没有那么复杂，可以说，任何一个普通消费者通过学习一定的专业知识，使用适当的工具、仪器，经过一定时间的练习、实践并不断总结经验、教训后，完全能够学会宝石鉴定，甚至还能开发出更有效、更准确的新技术和新方法。

要想学会鉴定宝石，首先需要了解鉴定的原理或依据。

①首先要明确天然宝石（包括琥珀）和仿制品、合成品、优化处理品等在化学成分、显微结构和性质这三个方面肯定存在或多或少、或大或小的差别。

②了解天然宝石的这三个方面的特征，比如琥珀中都包含哪些成分，显微结构有什么特点，基本性质怎么样，如折射率和密度。

③采用一定的方法，使用一定的工具或仪器，测出要购买的样品的这三个方面的结果。

④将测试结果和天然琥珀进行对比，二者越接近，说明样品越有可能是"真"的，否则，与天然琥珀的差别越多、越大，就说明假的可能性越大。

了解了宝石鉴定的原理后，就能够比较容易地掌握具体的鉴定方法，甚至能做到举一反三。即使有的造假品种在书里没有介绍，但自己也能对它们进行鉴定，甚至能发现现有的一些鉴定方法存在的缺点，从而对它们进行改进、完善，开发出更准确、更有效、成本更低的鉴定方法。

第三节　鉴定方法

根据上文提到的鉴定原理，琥珀的鉴定方法可以归纳为"一本三步"。

一、"一本"

"一本"是指"一个本质"，即首先了解天然琥珀的本质和特征，包括化学成分、微观结构和常见性质。

二、"三步"

"三步"包括三个大的步骤，或三类鉴定方法。

1. 经验法

鉴定人员根据自己的经验，初步了解样品的特征，对样品进行初步分析、判断。

这种方法具体包括"眼法""手法""耳法""鼻法""牙法""舌法"。

"眼法"是指用肉眼观察样品的特征，包括观察样品的外观，如颜色、光泽，还包括内部结构，如裂纹、气泡、包裹体、纹理等。有时候还需要使用一些简单工具，如放大镜、强光手电等。

"手法"是指用手测试样品的一些性质，比如通过手掂测试样品的密度，通过抚摸测试样品的粗糙度、导热性、硬度等性质。

"耳法"是指通过敲击样品，听其发出的声音。

"鼻法"是指嗅气味。

"牙法"是指通过牙咬，测试样品的硬度。

还有"舌法"，就是用舌尖接触样品，感觉它的导热性。

经验法的优点是简单易行、速度快、成本低，对一些制作粗糙、与天然琥珀差异比较大的样品，鉴定者可以用这种方法鉴别出来。

2. 常规鉴定工具法

经验法虽然有很多优点，但缺点也比较多、比较明显，主要是准确性、可靠性低。尤其在鉴别那些与天然琥珀很接近的样品时，经验法的这些缺点就暴露得很明显，经常判断错误。

基于这一点，为了提高鉴定的准确性和可靠性，需要使用专业鉴定工具。常见的包括显微镜、折射仪、偏光镜、二色镜、分光镜、查尔斯滤色镜、紫外荧光仪、阴极发光仪、导热仪、硬度计、重液、加速器质谱计等。这些鉴定工具能够更准确、客观、可靠地测试样品的相关特征。

3. 精密仪器法

有时候，常规的鉴定工具也不能准确测试出样品的一些特征，所以需要进行第三步，即利用一些精密仪器进行测试，如电子显微镜、红外光谱仪、紫外可见分光光度计、激光拉曼光谱仪、X射线荧光光谱仪、碳14断代仪（法）等。它们能进一步提高鉴定的准确性、可靠性。

宝石作假与鉴定是一对双胞胎，也是典型的"道高一尺、魔高一丈"现象的真实反映。当某一种作假技术被新的鉴定技术识别后，市场上很快就会出现更新的作假技术和产品，然后又会出现新的鉴定技术，如此不断循环往复。

所以，在宝石鉴定领域，不断出现新技术、新方法、新设备，或者将其他领域使用的技术、设备、仪器引进到宝石鉴定领域，从而使鉴定水平获得进一步的提高。比较典型的例子是将考古领域使用的碳14断代法用于古玉的鉴定，此外，还包括放射性技术、微量元素测试技术等。

第四节
鉴定工具和仪器

一、普通工具

普通工具主要有放大镜、强光手电等。

1. 放大镜

放大镜（见图4-1）的作用是放大观察琥珀表面和内部的特征，具体包括以下几个方面。

①外观，如颜色、光泽、纹理等。

②加工质量，包括雕刻线条的质量、表面光滑度、以及加工过程中产生的缺陷，如划痕、凹坑、裂纹等。

③内部特征，包括琥珀内部的气泡、裂纹、斑点、动植物包裹体、纹理等。

④其他特征，如晶粒、粘合缝、充填物等。

图4-1 宝石放大镜

2. 强光手电

聚光手电（见图4-2）的作用是能发射强度亮度很高的光线，用它照射琥珀，可以更清楚地观察表面和内部的结构特征。

图4-2 强光手电

二、常规专业鉴定仪器

1. 宝石显微镜

与放大镜相比，显微镜的放大倍数更大，因此，能够更清楚地观察宝玉石表面和内部的特征，见图4-3所示。

2. 折射仪

折射仪可以测试样品的折射率，见图4-4所示。

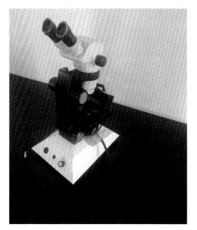

图4-3 宝石显微镜

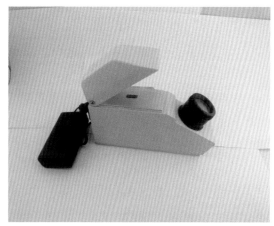

图4-4 折射仪

3. 分光镜

分光镜能把太阳光分解成连续的可见光光谱，见图4-5所示。天然琥珀和仿制品的化学成分或显微结构不一样，对可见光的吸收情况也不一样，通过分光镜看到的吸收光谱也不一样，光谱中黑线或黑带（吸收线或吸收带）的数量、位置不一样。利用这点可以鉴定样品是否是天然琥珀。

4. 查尔斯滤色镜

天然琥珀和仿制品的化学成分或显微结构不一样，通过滤色镜看到的颜色也不一样，见图4-6所示，这也是一种鉴定手段。

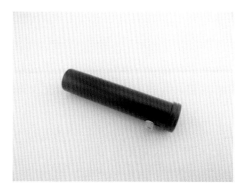

图4-5　分光镜

图4-6　查尔斯滤色镜

5. 紫外荧光仪

紫外荧光仪（见图4-7）能发射紫外光，天然琥珀受到照射后，会发出特定颜色的荧光，而它的仿制品、优化处理品等可能不发荧光，或者发出的荧光的颜色、强度等不一样。所以，这是另一种鉴定手段。

图4-7　紫外荧光仪

6. 阴极发光仪

阴极发光仪的原理和紫外荧光灯相似，阴极发光仪能发射高能电子束，照射样品后，有的天然宝石会发光，而它的仿制品、优化处理品等可能不发光，或者发出的光的颜色、强度等不一样，或者相反。所以，这也是一种鉴定手段。

7. 硬度计

硬度计的作用是测试样品的摩氏硬度。

8. 重液

重液是由特定的试剂配制的溶液，可以测试样品的密度。

三、精密仪器

1. 扫描电镜

扫描电镜的全称为扫描电子显微镜，见图4-8所示，和普通的光学显微镜相比，它具有两个最大的优点：一是分辨率高；二是放大倍数高。这两个优点有利于更好地观察样品的微观结构。

2. X射线衍射仪

X射线衍射仪的主要作用是分析样品的组成，见图4-9所示。

图4-8　扫描电镜　　　　　　　　图4-9　X射线衍射仪

3. 红外光谱仪

红外光谱仪会发射红外光。天然琥珀和仿制品、优化品等的化学成分或显微结构不同，对不同波长的红外光的吸收情况不同，得到的红外光谱的形状不同，所以可以通过这一点进行鉴定。

4. 激光拉曼光谱仪

激光拉曼光谱仪能发射激光，见图4-10所示，它照射到样品表面后会发生散射。天然琥珀和仿制品、优化处理品等的化学成分和显微结构不同，散射光的频率、强度也不同，所以能够用来进行鉴定。

5. 紫外可见分光光度计

紫外可见分光光度计能发射紫外光和可见光，见图4-11所示。天然琥珀和仿制品、优化处理品等的化学成分和显微结构不同，对不同波长的紫外光和可见光的吸收情况也不同，所以能够用进行鉴定。

图4-10　激光拉曼光谱仪

图4-11　紫外可见分光光度计

6. X射线荧光光谱仪

X射线荧光光谱仪能发射X射线，照射样品后，有的宝石会发出荧光，称为X射线荧光。荧光的波长、强度和宝石的化学成分有关，所以可以用来分析宝石的化学成分。分析的元素种类多、含量范围广，而且分析速度快、结果准确。

第五节
鉴定需要遵循的原则

琥珀鉴定的原理实际上不难，使用的方法和工具也都是前文提到的几种，但不同的鉴定者得到的结果却经常相差很大：有的准确性高、有的准确性低；在结果相同的情况下，有的鉴定成本高，有的鉴定成本低；有的在鉴定过程中，对样品没有造成损害，甚至根本不接触样品，但有的对样品造成了一定的损坏。

优秀的鉴定者应该在结果的准确性、花费的成本、以及对样品的影响这几个方面达到一个较好的平衡。就和医生看病一样，高水平的医生首先能治好病，另外让病人花的钱尽量少，同时对病人的影响小，也就是病人遭受的痛苦小。

所以，为了获得上述好的效果，在进行鉴定时，需要遵循一定的原则。

首先，要保证鉴定结果的准确性，尽量避免出现错误。

其次，鉴定成本尽量低。

最后，尽量不损坏样品，即无损鉴定。在鉴定过程中尽量不对测试样本造成损伤、破坏，免得影响其应有的价值。

上述原则在很多时候是矛盾的，不能同时兼顾。比如，要保证结果的准确性，需要的测试项目就得多，这样测试成本自然就高；反之，要使鉴定成本低，结果的准确性就不容易保证。

具体的做法是考虑鉴定的性价比，根据产品自身的价值制订合理的鉴定方案，优先保证某个方面，在这个前提下，考虑其他方面。

举个例子，有的产品的价值只有几十元，对这类产品，就应该优先考虑鉴定成本不能太高，所以一般采用经验法进行鉴定就可以；但对价值几十万元的产品，就需要优先考虑结果的准确性了，需要采用多种方法，包括运用一些精密、大型仪器进行鉴定。

总体来说，进行鉴定时，按照先简单后复杂、先便宜后昂贵的顺序进行。即先采用简单、便宜的方法，比如经验法，然后采用常规鉴定工具法，最后再使用复杂、昂贵的精密仪器法、新技术等。

第五章

优化处理琥珀及其鉴别方法

part 5

优化处理是珠宝领域广泛使用的一种技术，优化处理琥珀是市场上很常见的一类产品，数量很多，而且有的难以分辨。

优化处理琥珀
——琥珀中的B货和C货

很多天然琥珀的品质不太好，缺陷或瑕疵比较多，比如有的有很多裂纹，有的颜色太深或太浅，有的透明度不好，有的有很多斑点……

这样，它们的售价就会受影响。商家为了提高售价，经常采用一些方法掩盖或消除琥珀的缺陷，这些方法就叫优化处理。

优化处理技术在其他的宝玉石中也很常见，比如翡翠。我们常听说的B货、C货就是指进行过优化处理的翡翠：B货指消除了斑点、提高了净度和透明度的翡翠；C货指染色的翡翠。

所以，经过优化处理的琥珀也可以称为B货和C货。

据行内人士介绍，目前市场上很多琥珀，尤其是外观特别漂亮的都是进行了优化处理，比如一些血珀、金珀、花珀等。

目前市场上的优化处理琥珀具有三个特点，可以用三"多"来形容。

第一"多" 优化处理技术种类多：包括烤色、压清、压固、染色、注胶、覆膜、爆花、水煮等。而且仍不断有新技术出现。

第二"多" 涉及的琥珀品种多：几乎每个琥珀品种都涉及优化处理技术，包括虫珀、蓝珀、血珀、金珀、蜜蜡等。

第三"多" 优化产品数量多：由于前面两个特点，所以目前的市场上，经过优化处理的琥珀数量很多。

第二节

烤色琥珀及鉴别

一、烤色

1. 原理

烤色指对琥珀进行加热，使其表面的成分发生氧化，从而改变颜色的优化方法。

2. 烤色的应用

（1）把新蜜蜡处理成老蜜蜡

市场上销售的很多老蜜蜡实际是对新蜜蜡进行烤色处理的。老蜜蜡的价格比新蜜蜡高得多，大家知道，老蜜蜡和新蜜蜡相比，最大的区别是颜色更深，呈红色或黑红色，而新蜜蜡的颜色比较浅，呈黄色。所以人们经常对新蜜蜡进行烤色处理，使它们的颜色变深，以冒充老蜜蜡，使出售的价格更高。新蜜蜡和老蜜蜡的颜色对比见图5－1和图5－2。

图5-1　新蜜蜡

图5-2　经烤色处理的仿老蜜蜡

（2）血珀的加工和改善

天然血珀的产量很少，所以人们经常用一些价格较低的金珀做原料，进行烤色处理，加工成血珀。

还有的天然血珀的颜色不理想，也可以对它们进行烤色处理，改善颜色，使得它们看起来漂亮，使之接近酒红血珀的颜色。见图5-3。

图5-3　烤色处理血珀

（3）提高琥珀的净度和透明度

天然琥珀的内部经常有一些缺陷和杂质，比如气泡、裂纹等，影响产品的净度和透明度。在烤色过程中，施加的高温会使气泡和裂纹熔合，从而使琥珀变得比较纯净、清澈，提高产品的净度和透明度，这时候，烤色技术就成为了一种净化技术。市场上很多颜色又漂亮、净度和透明度又高的产品比如血珀都是利用这种技术加工的。

3. 烤色工艺

烤色一般在压力炉（图5-4）中进行，先将原料放入炉膛，然后向炉膛中充入惰性气体（如氮气、氩气等）和氧气的混合气，然后加热。如果没有压力炉，也可以把琥珀放在油、沙子或盐里加热，重点是控制氧气的供应量。

　　琥珀在高温、高压环境中，表面的成分会与氧气发生氧化反应，颜色会变深，比如由白色变成黄色，或由黄色变成红色、甚至黑红色。

　　这种工艺的本质是模仿琥珀在自然环境中发生的氧化过程，进行人工加速。

图5-4　烤色设备

4. 影响因素

　　烤色的工艺设备和工艺参数不同，得到的结果也不同：有的产品颜色变化不大，而有的颜色变化很明显。人们一般把烤色分为微烤、中度烤和深度烤等。所以，需要根据对产品的要求不同，采用不同的工艺参数，包括加热温度、保温时间、氧气的供应量、气压等。

　　一般来说，加热温度越高、保温时间越长、氧气越充足、气压越高，产品的颜色就越深。见图5-5。

图5-5　烤色后琥珀的颜色

二、烤色琥珀的鉴别方法

1. 经验法

　　经验法包括"眼法"、"手法"、"耳法"、"鼻法"、"牙法"等。

鉴别烤色琥珀时，主要采用的是"眼法"，即用肉眼观察样品的特征，因为和天然琥珀相比，烤色琥珀的外观和内部具有一些独有的特征，可以观察出来。"手法"、"耳法"、"鼻法"、"牙法"用得比较少。

样品的外观包括颜色、光泽、纹理等，内部结构包括颗粒构造、纹理、裂纹、气泡、杂质等。

有时候，样品的一些特征用肉眼不容易看清楚，所以，人们经常利用一些简单的工具，如放大镜、强光手电等。

烤色琥珀的主要特征如下。

①对琥珀项链或手链，如果是经过烤色处理的，整串珠子的颜色比较一致，看着基本相同，没有什么区别（图5-6）。因为在进行处理时，这些珠子都是在同一台设备里进行批量处理的，采用的工艺参数如加热温度、保温时间相同。

②仔细观察单颗珠子或单个琥珀制品。如果是经过烤色处理的，会感觉它们的颜色很鲜艳、很新鲜，光泽比较强。天然琥珀的颜色是经过几千万年形成的，会显得比较"旧"，光泽比较弱。

图5-6　烤色琥珀手链

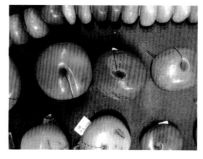
图5-7　烤色老蜜蜡的颜色和光泽

③对单颗珠子或单件雕件，如果经过了烤色，整个表面的颜色基本相同。

④烤色琥珀的表面经常有一些细小的裂纹，有时候肉眼可以直接看到，有时候需要用放大镜才能看出来。这是因为这种琥珀在烤色结束后，在冷却过程中，表面温度下降过快，所以各部分收缩不均匀，从而会产生裂纹。

⑤经过烤色处理后，琥珀的净度和透明度会提高，因为其内部的气泡和裂纹在高温下会发生熔合。

所以，如果在市场上看到颜色很鲜艳、漂亮，而且净度和透明度很高但价格并不高的产品，比如血珀、金珀、老蜜蜡（图5-7）等，则很可能是烤色产品。

2. 常规鉴定工具法

经验法简单易行，但有时候获得的结果准确性不高。

为了克服经验法的缺点，人们使用专业鉴定工具进行鉴定，包括常规工具和精密仪器。

（1）发光性测试

琥珀如果经过烤色处理，化学成分和微观结构都会发生变化，所以发光性也会发生变化。即用紫外线照射时，样品发射荧光的强度、颜色都会改变。

（2）吸收光谱

和发光性类似，琥珀如果经过烤色处理，化学成分和微观结构都会发生变化，所以吸收光谱也会发生变化，即用可见光照射时，样品对七种单色光的吸收情况会改变——如果观察吸收光谱图，会发现图中黑色吸收线的位置、宽度、强度都会改变。

（3）电性能测试

天然琥珀经过烤色处理后，电性能也会发生变化。天然琥珀摩擦后会带电荷，能吸引碎纸片，如果进行了烤色处理，很多时候其带的电荷量会减少，所以吸引碎纸片的能力会下降。

3. 精密仪器法

同样，天然琥珀如果经过烤色处理，化学成分和微观结构都会发生变化，对红外线、紫外线、可见光的吸收情况都会变化，所以，如果用红外光谱仪、紫外-可见分光光度计、激光拉曼光谱等精密仪器测量，获得的光谱图都会发生变化，包括吸收峰的位置、高度、宽度等。

此外，有的烤色得到的老蜜蜡还可以使用碳14断代法进行鉴定，这种方法可以判断出样品距今的时间。

专业鉴定工具（方法）的原理并不难，而且准确性高，但是它们也有自身的缺点：它们需要标准样品的结果进行对比，如果没有的话，是不能进行鉴定的；这些方法的专业性比较强，测试结果只有专业人员才能了解和解释，同时，这些方法的成本都比较高。

一、压清

1. 原理

压清属于一种净化技术，指对透明度较低的琥珀施加高温、高压，减少内部的缺陷如气泡、裂纹，以提高产品的净度和透明度。

2. 方法

压清一般在压力炉中进行，先将原料放入炉膛，向炉膛中充入惰性气体，然后施加一定的温度和压力。在高温下，琥珀的硬度降低，同时在高压作用下，琥珀内部的气泡和裂纹会熔合，从而提高净度和透明度。

使用惰性气体的目的是防止琥珀在高温下发生氧化、变色。

3. 影响因素

压清的工艺参数会影响优化效果：一般来说，加热温度越高、压力越大、保温时间越长，产品的净度和透明度就越好。

4. 压清工艺的应用

（1）金珀

很多天然金珀内部有气泡和裂纹，质量等级较低，所以人们经常对金珀进行压清处理。据介绍，目前市场上的很多金珀都经过了压清处理，有的杂质较多、或块度较大的原料，甚至经过了多次压清处理，或者通过提高压清工艺的温度、压力、延长时间来达到净化的目的。还有的金珀是以蜜蜡为原料，经过压清后获得的。见图5-8。

（2）蓝珀的压清

天然蓝珀内部经常有微小的气泡，它们会使蓝珀的净度降低，从而影响产品的价值。所以，人们经常采用压清工艺，消除这些气泡。见图5-9。

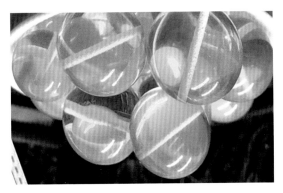

图5-8　压清处理的金珀　　　　　　　　图5-9　压清处理的蓝珀

（3）珍珠蜜

和其他琥珀品种相比，珍珠蜜的外观很特别：它总体上分为两部分，中间是一个不透明的核，周围包裹着一层透明的壳！就像鸡蛋的蛋清和蛋黄一样。

实际上，珍珠蜜中间的核是蜜蜡，不透明，四周的壳是金珀，完全透明。

天然产出的珍珠蜜很少，市场上见到的多数是通过压清工艺制作的。一般是以一块蜜蜡为原料，施加高温和高压。蜜蜡的表面部分受的压力较大，温度较高，所以这里的气泡和裂纹先熔合，净度和透明度提高，变成了透明的金珀。然后内部的净度和透明度再逐渐发生变化。所以，通过控制压清工艺参数，比如处理时间，让外部的透明部分（金珀）和内部的不透明部分（蜜蜡）有一个合理地分布，这样就能得到想要的珍珠蜜。

二、压清琥珀的鉴别方法

1. 经验法

（1）眼法

首先，观察样品的净度和透明度。

多数天然琥珀的内部总会或多或少有一些缺陷，比如气泡、裂纹、斑点、包裹体等，所以净度较低，透明度也较低。少数天然琥珀的净度和透明度很好，但是价格会比较高。

压清琥珀在处理时，工艺参数经过了反复的调整，优化，所以产品的效果很好，内部的缺陷大大减少了，净度和透明度看起来特别完美、理想，但价格却出奇地便宜。所以，如果看到净度和透明度特别高、很漂亮，但价钱并不高的产品，说明很可能是经过了压清处理。见图5-10。

其次，观察样品的颜色。

天然琥珀的颜色一般都不均匀，在各个位置不一样，包括深浅、浓淡等。压清琥珀的颜色则比较均匀，而且总体比较浅、淡。原因主要有两方面：一是工艺参数进行了最大程度地优化，各个位置的颜色很均匀，第二个原因是，根据资料介绍：在高温下，琥珀内的琥珀酸的含量会减少，从而导致了颜色会变得比较浅。

图5-10　压清琥珀

最后，对珍珠蜜的特征观察。

天然珍珠蜜和压清处理得到的珍珠蜜存在几个区别。

①天然珍珠蜜的金珀和蜜蜡的界限比较模糊，二者的分界面犬牙交错，甚至很多天然珍珠蜜的金珀和蜜蜡部分互相纠缠在一起，没有完全分开。

而压清处理得到的珍珠蜜的金珀和蜜蜡的界限比较清晰，呈很清晰的典型的核壳结构，像鸡蛋那样，让人一看就知道是珍珠蜜。

②天然珍珠蜜的蜜蜡部分一般形状都不规则，向四周任意延伸、流淌，形状很不规则，但是看起来很自然、柔和，就和天空中的白云或棉花一样。

而压清珍珠蜜的蜜蜡部分看起来有一种被压迫的感觉，好像不能向四周随意、自然地流淌，感觉蜜蜡向金珀的过渡显得很突兀、不自然。

③压清珍珠蜜的内部经常会看到像"太阳花"一样的放射状裂纹，和花珀里

的"太阳花"一样。这是因为琥珀内部的气泡在处理过程中发生爆裂形成的。

（2）鼻法

天然琥珀受摩擦后会产生芳香味，压清处理的琥珀内的琥珀酸含量会减少，所以会使得芳香味变弱、变淡。

2. 常规鉴定工具法

（1）发光性测试

压清琥珀由于受到了高温、高压作用，化学成分和微观结构都会发生变化，所以发光性也会发生变化：用紫外线照射时，样品发射荧光的强度、颜色都会改变。

（2）吸收光谱

和发光性类似：压清琥珀的吸收光谱也会发生变化，就是用可见光照射时，样品对七种单色光的吸收情况会改变——如果观察吸收光谱图，会发现图中黑色吸收线的位置、宽度、强度都会改变。

（3）电性能测试

此外，压清琥珀的电性能也会发生变化：摩擦后带的电荷量很多时候会减少，所以吸引碎纸片的能力会下降。

3. 精密仪器法

压清琥珀的化学成分和微观结构发生变化后，对红外线、紫外线、可见光的吸收情况都会变化，所以，如果用红外光谱仪、紫外线–可见分光光度计、激光拉曼光谱等精密仪器测量，获得的光谱图都会发生变化，包括吸收峰的位置、高度、宽度等。

第四节

压固琥珀及鉴别

一、压固处理

1. 原理

压固指对一些强度较差的琥珀施加高温、高压，提高它们的强度，使它们变得更坚固。

因为当初形成琥珀的树脂在凝固时，有一定的顺序，比如，如果琥珀是由很多滴树脂形成的，有时候是最里边的树脂先凝固，然后外面的树脂后凝固，有时候，最外面的树脂在阳光照射下先凝固，里面的后凝固。即使有的琥珀是由一大滴树脂形成的，在凝固时也会按一定的顺序进行，或者由外向内，或者由内向外。

不管琥珀的凝固顺序具体是怎样的，最终，先凝固的树脂和后凝固的树脂会形成不同的层，层与层之间会有界面，这些界面的强度比较低，会使得整块琥珀变得不坚固，容易发生碎裂，这种琥珀在加工时就很困难，感觉很脆，不容易进行雕琢。

压固处理的目的就是对这种琥珀施加高温、高压，使层与层之间的结合更紧密，从而提高琥珀的强度，使它们变得更坚固。

2. 方法

压固一般在压力炉中进行，先将原料放入炉膛，然后向炉膛中充入惰性气体，然后施加一定的温度和压力。在高温下，琥珀变得比较软，同时在高压作用下，各层受到挤压，结合更加牢固。

使用惰性气体的目的是防止琥珀在高温下发生氧化、变色。

3. 影响因素

压固的工艺参数会影响优化效果：一般来说，加热温度越高、压力越大、保温时间越长，产品的强度越高，越牢固。

二、压固处理的鉴别

鉴别压固处理的琥珀，主要采用经验法中的眼法，具体方法如下。

（1）观察样品层与层之间界面的"血丝"

很多天然琥珀和压固琥珀都是层状结构，二者的区别之一是放大观察时，如果看到层与层之间的界面有红色、褐色或黄色的丝状物体，说明这很可能是压固琥珀，这是因为琥珀在压固时受高温作用，层的表面发生氧化，颜色成为红色、褐色或黄色。它们在行业内被称为"血丝"。

（2）观察样品层与层之间界面的杂质，如斑点、包裹体

天然琥珀和压固琥珀层与层之间的界面上，经常会存在一些杂质，如斑点、包裹体。

如果放大观察，可以看到，天然琥珀中的这些杂质是混乱分布的，没有方向性；而压固琥珀由于受到高压作用，这些杂质大致上沿一个方向排列。

（3）观察样品层与层之间界面的气泡

天然琥珀和压固琥珀层与层之间的界面上，经常会存在一些气泡。

如果放大观察，可以看到，天然琥珀中的气泡的形状大多数是圆形，而且是混乱分布的，没有方向性。而压固琥珀由于受到高压作用，这些气泡的形状会变成椭圆或扁圆形，而且基本沿一个方向排列。

第五节
染色琥珀及鉴别

一、染色

1. 原理

染色指用染料将琥珀染成特殊的颜色，比如把浅黄色的新蜜蜡染成深黄色的老蜜蜡，或者把普通的琥珀染成蓝珀、血珀、金珀等，以提高产品的售价。见图5-11。

有人也把染色称为涂油，因为有时候是在琥珀表面涂一层油脂，让琥珀具有特殊的颜色。

2. 方法

具体的染色方法主要包括三种：一种是直接把颜料刷在琥珀表面，然后晒干；第二种是把琥珀在颜料的

图5-11　染色血珀

溶液里浸泡一段时间，让颜料渗入琥珀内部；第三种是把琥珀浸泡在颜料的溶液里，同时进行加热。加热有三方面的作用：第一个作用是在高温下，琥珀自身的分子结构的间隙会变大，有利于染料分子的渗透；第二个作用是，染料分子在高温下的活动能力会增强，向琥珀内部的渗透速度会加快；第三个作用是，染料向琥珀的渗透深度会增加，所以染色层会更厚。

3. 影响因素

染色的工艺参数会影响最终效果，包括染料种类、浸泡时间、加热温度等。染料种类必须合适，这样，染出的颜色才会接近天然产品的颜色；浸泡时间越长，颜色越深，染色层越厚；加热温度越高、保温时间越长，颜色越深、染色速度越快、染色层也越厚。

二、染色琥珀的鉴别方法

1. 经验法

主要是眼法。具体方法如下。

（1）观察颜色的自然度

天然琥珀的颜色比较自然、柔和、朴实无华。而染色琥珀的颜色一般显得过于鲜艳，没有那种自然、柔和的感觉，甚至有的看起来显得妖艳。

（2）观察颜色的均匀度

天然琥珀的颜色在各个位置经常有差别，色调、饱和度、深浅等互不相同，如果是项链或手链，各个珠子的颜色互相也不一样。

而染色琥珀的颜色比较均匀：对单件制品，各个位置的颜色基本相同；项链和手串的珠子的颜色也基本相同。见图5-12。

图5-12   染色琥珀

（3）观察琥珀的孔洞和裂纹处的颜色

放大观察琥珀的孔洞和裂纹处的颜色。如果是天然琥珀，这些位置的颜色和周围相同，没有什么特殊之处。如果是染色琥珀，会发现这些位置的颜色比周围更浓、更深。如果用强光手电照射进行透光观察，这个特征更明显。

这是因为，进行染色处理时，染料微粒更容易聚集在孔洞和裂纹里，从而使这些位置的颜色更深。

（4）观察颜色的分布

对透明的琥珀品种，如果经过染色处理，用强光手电照射进行透光观察，可以看到，颜色只是集中在表面的一层，而内部的颜色比较浅。

2. 常规鉴定工具（方法）

（1）擦拭法

用棉球蘸一点酒精或丙酮，擦拭琥珀的表面，很多颜料都可以被擦下来。

（2）发光性测试

用紫外线照射样品，观察发光性。由于染色琥珀使用的染料的化学成分和琥珀差异很大，有的不发荧光，有的能发荧光，但是荧光的颜色、强度等和天然琥珀有差异。

（3）吸收光谱测试

和发光性类似：由于染色琥珀使用的染料的化学成分和琥珀差异很大，所以吸收光谱也和天然琥珀不同。即用可见光照射时，样品对七种单色光的吸收情况会改变，在吸收光谱图上，黑色吸收线的位置、数量、宽度、强度都会改变。

3. 精密仪器法

由于染色琥珀使用的染料的化学成分和琥珀差异很大，所以对红外线、紫外线、可见光的吸收情况都和天然琥珀不同。所以，如果用红外光谱仪、紫外线–可见分光光度计、激光拉曼光谱等精密仪器测量，获得的光谱图都会发生变化，包括吸收峰的位置、数量、高度、宽度等。

第六节
充填琥珀及鉴别

一、充填处理

1. 原理

充填处理也称为注胶或胶补，是用胶或树脂填充在琥珀的裂纹或凹坑、孔洞中。

充填处理主要具有两方面的作用：它可以提高琥珀的净度和透明度；它能够避免原料的损耗，增加产品的重量。比如有的天然琥珀的表面有一个面积较小但比较深的凹坑，如果不进行处理，在加工前就需要先打磨，把周围的原料磨得和这个坑一样平。但这样做，无疑会损失大量的原料，经济效益会大大下降。如果用树脂把这个凹坑填充起来，自然就能避免原料的损失了，而且填充的树脂还能增加原料的重量。

2. 方法

充填有如下几种方法。

①普通充填　即在自然状态下，把胶注入琥珀的裂纹或孔洞里。

②高压填充　很多琥珀的裂纹或孔洞很细小，而且多数胶的黏度都很大，所以普通的充填方法效果经常不理想，填充不完全。为了提高充填效果，人们采取了高压填充方法，利用高压把胶注入琥珀内部。

③真空填充　除了高压填充外，人们还经常采用真空填充法，即通过抽真空的方法把琥珀的裂纹和孔洞里的空气抽走，然后再注胶，这样填充效果就很理想了。

④加热填充　有时候，人们把琥珀浸泡在胶或植物油里，然后进行加热。在高温下，胶或植物油的黏度会下降，更容易流动，这样填充效果也会很好。

加热填充一方面能起到填充作用，另一方面，在高温下，琥珀内部的气泡会发生熔合，最后消失。这两种作用可以共同使琥珀的透明度和净度提高。所以，这种方法也被称为澄清处理。

二、鉴别方法

1. 经验法

主要是眼法。具体方法如下。

①观察琥珀整个表面，看有没有异样。

天然琥珀整个表面各个位置的特征不会完全相同，但总体差别不大。而充填处理的琥珀就不是这样，因为充填物的颜色、透明度、光泽、质地和其他部分的差异很大，显得和周围很不协调。

如果放大观察或透光观察，甚至能看到充填物和周围的分界线，即裂纹。见图5-13。

②充填物的质地和周围部分差别也比较明显，有的比周围显得更粗糙、疏松，有的比周围显得更细腻、致密。

图5-13　充填琥珀

③放大观察时，经常能看到充填物的内部有气泡，这些气泡的数量和大小和周围部分差别也很大。

④放大观察时，也经常会看到填充物的流动纹，它们的形状、方向等和周围部分的纹理也经常有差别。

2. 常规鉴定工具（方法）

（1）折射率、色散度

填充物的化学成分一般和天然琥珀不一样，所以它们的折射率、色散度等性质也不一样，和周围部分存在差别。

（2）发光性测试

用紫外线照射样品时，填充部分的颜色和周围部分有差别。见图5-14。

（3）吸收光谱

填充物的化学成分一般和天然琥珀不一样，所以填充部分的吸收光谱和周围部分也不一样，即用可见光照射时，样品对七种单色光的吸收情况会改变，在吸收光谱图上，黑色吸收线的位置、数量、宽度、强度都会改变。

图5-14 充填琥珀的荧光

3. 精密仪器法

由于填充物的化学成分和天然琥珀差异很大，所以对红外线、紫外线、可见光的吸收情况都和天然琥珀不同。所以，如果用红外光谱仪、紫外线-可见光分光光度计、激光拉曼光谱等精密仪器测量，获得的光谱图都会发生变化，包括吸收峰的位置、数量、高度、宽度等。

第七节

覆膜琥珀及鉴别

一、覆膜处理

1. 原理

覆膜就是在琥珀的表面覆盖一层薄膜，改变琥珀的颜色、光泽、净度等。见图5-15。

有时候是在琥珀整个外表面覆膜，有时候只在上表面覆膜，还有时候是只在底面覆膜。在底面覆膜，能够增强琥珀内的内含物的立体感，比如花珀中的太阳花，另一个好处是很难被鉴别出来。

2. 方法

覆膜的具体方法有以下几种。

①涂漆或喷油　在琥珀表面涂一层漆或喷一层油，冒充老蜜蜡、血珀、金珀、蓝珀等。

②贴箔　在琥珀表面贴一层箔，冒充老蜜蜡、血珀、金珀、蓝珀等。

③镀膜　用电镀、化学镀、物理气相沉积、化学气相沉积等方法在琥珀表面镀一层薄膜，冒充老蜜蜡、血珀、金珀、蓝珀等。

3. 作用

覆膜处理具有以下几方面的作用。

①改变琥珀的颜色。

②能增加琥珀的光滑度和光泽。由于琥珀的质地比较软，一些雕刻件的凹下部位很难进行抛光，所以光洁度和光泽不太理想。所以，人们经常在那些位置进行喷油处理，取代抛光，来保证琥珀的光洁度和光泽。

③能提高琥珀的净度和透明度。

④对琥珀能起到一定的保护作用，使它们耐腐蚀、耐摩擦等。

⑤增加琥珀的重量。涂覆的薄膜还能增加琥珀的重量。因为琥珀的价格是按克计算的，所以，覆膜有利于提高产品的售价。

图5-15　覆膜琥珀

二、鉴别方法

1. 经验法

主要也是眼法。具体包括以下几点。

（1）观察琥珀整个表面的外观

天然琥珀在不同的位置，颜色、光泽等经常有差异，颜色比较柔和、自然。覆膜琥珀各个位置的颜色、光泽基本相同，而且颜色过于鲜艳，但不自然。用强光照射透光看时，这些特征更明显。

（2）观察颜色的分布

对透明的品种，可以看到，天然琥珀的表面和内部的颜色基本相同。而覆膜琥珀的颜色只存在于表面的一层，其内部的颜色很浅。在强光照射下透光看，这个特征更明显。

（3）观察表面的相关特征

仔细观察样品的整个外表，如果是覆膜琥珀，在棱角或下凹处等位置，可以发现褶皱、凸起、气泡等特征（图5-16），这些是薄膜特有的一些特征。放大或透光观察时，这些特征更容易看到。

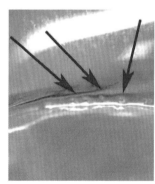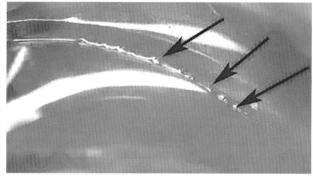

图5-16　薄膜下面的气泡

2. 常规鉴定工具法

（1）发光性测试

由于薄膜的成分和天然琥珀不同，所以用紫外线照射时，覆膜琥珀发射的荧光和天然琥珀不同，包括颜色和强度等。

（2）折射率测试

由于薄膜的成分和天然琥珀不同，所以折射率值也有较大的差别。

（3）吸收光谱测试

薄膜的化学成分和天然琥珀不一样，所以吸收光谱也不一样，用可见光照射时，样品对七种单色光的吸收情况会改变，在吸收光谱图上，黑色吸收线的位置、数量、宽度、强度都会改变。

覆膜脱落后的伤痕

图5-17　覆膜痕迹

（4）刻划法

在上面提到的褶皱、凸起等可疑的位置，用针尖轻轻划动，可以把薄膜划起来。见图5-17。

3. 精密仪器法

由于薄膜的化学成分和天然琥珀差异很大，所以对红外线、紫外线、可见光的吸收情况都和天然琥珀不同。所以，如果用红外光谱仪、紫外线–可见光分光光度计、激光拉曼光谱等精密仪器测量，获得的光谱图都会发生变化，包括吸收峰的位置、数量、高度、宽度等。

第八节
爆花琥珀及鉴别

一、爆花处理

1. 原理

爆花工艺的目的是用普通琥珀制造花珀。

爆花使用的原料是内部含有一定数量气泡的琥珀，通过加热，使琥珀中的气泡发生膨胀、爆裂，形成放射状的裂纹，就像花珀里的太阳花一样。

2. 方法

爆花的工艺参数对最终的效果影响很大。比如加热温度和保温时间应该合适——温度太低、保温时间太短，气泡就不会爆裂；而温度太高、保温时间太长，气泡就会熔合。另外，加热结束后，冷却速度对处理效果也有重要影响，一般要尽量快一些，使原料迅速冷却，这样，气泡内部的温度高，压力大，而外部的温度迅速下降，压力降低，气泡才容易发生爆裂。见图5-18。

（1）金花珀的爆花工艺

根据"太阳花"的颜色，花珀可以分为金花珀和红花珀，金花珀指太阳花的颜色和周围基体相同的金珀，即太阳花呈金黄色。

要得到金花珀，需要注意控制产品的氧化。所以需要在绝氧环境下进行处理。

（2）红花珀的爆花工艺

红花珀指太阳花的颜色为红色，而周围基体的颜色是金黄色。制造红花珀经常采用两种方法：一种是在氧气环境中进行处理，使琥珀内部产生的太阳花发生氧化，颜色由金黄色变成红色；第二种方法是先制造金花珀，然后再进行烤色处理，太阳花和琥珀外表面发生氧化变成红色，然后打磨掉表面的红色氧化皮。

图5-18　人工爆花琥珀（一）

二、鉴别方法

爆花琥珀的鉴别方法主要是眼法，具体包括如下几点。

（1）观察太阳花的数量

天然花珀内部的太阳花数量一般很少，零零星星的。而人工处理的爆花琥珀的太阳花的数量一般很多。

（2）观察太阳花的体积

天然花珀的太阳花体积一般不大，不明显。而人工处理的爆花琥珀的太阳花的很多都很大，看起来很显眼。

（3）观察太阳花的形状

天然花珀的太阳花多数形状都不规则，比较随意，看起来并不漂亮、不理想。而人工处理的爆花琥珀的太阳花的形状比较完整、规则，很多都呈圆形，看着很漂亮、很完美。

（4）观察太阳花的颜色

天然花珀的太阳花的颜色很多看起来不鲜艳，颜色很杂。而人工处理的爆花琥珀的颜色多数都很鲜艳，很多呈鲜红色或金黄色，很漂亮。

（5）观察琥珀主体的净度和透明度

天然花珀的内部经常有气泡、裂纹、杂质等缺陷，所以净度和透明度很多都不理想。而人工处理的爆花琥珀多数都进行了净化处理，所以净度和透明度都很高，从而更能突出"太阳花"的效果。见图5-19。

图5-19　人工爆花琥珀（二）

第九节

水煮蜜蜡及鉴别

一、水煮蜜蜡

1. 目的

前面提过，在国内市场上，大多数客户喜欢蜜蜡，尤其是全蜜。它们的销路好、利润高。所以，有人就设法把金绞蜜、金珀等品种加工成全蜜。近几年常采用的一种技术叫水煮法。

2. 水煮蜜蜡的方法

水煮蜜蜡（图5-20）使用的原料主要是金绞蜜。把金绞蜜浸泡在特定的化学试剂溶液中，进行加热，同时施加高压。在高温、高压的作用下，金绞蜜的内部会产生大量很细小的气泡，整体会变成半透明或不透明的蜜蜡。用这种方法制作的蜜蜡就叫水煮蜜蜡。

图5-20　水煮蜜蜡

3. 水煮蜜蜡的工艺参数

水煮蜜蜡的工艺参数最关键的有三个。

①要选择合适的化学试剂。

②加热温度要合适。资料介绍，温度一般在190℃以下。如果温度太高，金绞蜜的化学成分会发生变化，最后得到的蜜蜡可以通过红外光谱等仪器鉴别出来。

③施加的压力要合适。资料介绍，压力一般在6~10个大气压（1大气压≈1.01×10⁵Pa）。

二、水煮蜜蜡原石的鉴别

1. 没有开门子的原石

水煮蜜蜡原石（图5-21）的外皮和一般蜜蜡原石没什么区别，包括颜色、粗糙度等。很难分辨。

图5-21 水煮蜜蜡原石

2. 开门子的原石

这种原石有如下几个特征。见图5-22。

①整体分为三层 最外面是外皮，颜色比较深；最里面是蜜蜡；外皮和蜜蜡之间还有个"夹层"，这个"夹层"是白色的，质地很细腻。

人们普遍把这个白色"夹层"作为水煮蜜蜡原石的最重要的鉴定依据。人们普遍认为，这个夹层是由于在高温下发生氧化形成的。

②放大观察时，会看到外皮和白色"夹层"之间有很多气泡。它们是在高温作用下形成的。

③蜜蜡部分的颜色、光泽、透明度、构造等比较均匀、一致，看不到流淌纹等特征。而天然蜜蜡各部分的颜色、光泽、透明度经常有区别，也经常能看到流淌纹、层状结构等特征。

图5-22 水煮蜜蜡原石的结构特征

三、水煮蜜蜡成品的鉴别

图5-23是一个水煮蜜蜡吊坠。

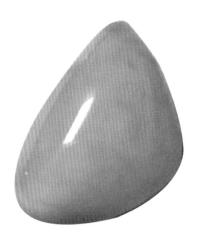

图5-23 水煮蜜蜡吊坠

1. 经验法

主要是眼法。

（1）最重要的特征——大量细小的气泡

放大观察或在强光照射下观察，可以看到水煮蜜蜡内部有大量细小的气泡（图5-24），有时候用肉眼也能看出来。这是水煮蜜蜡重要的特征。

有的水煮蜜蜡进行了烤色处理，只用肉眼观察时，气泡不太容易被看出来，但放大观察或透光观察，仍然能够看到。见图5-25所示。

图5-24　水煮蜜蜡内部的气泡

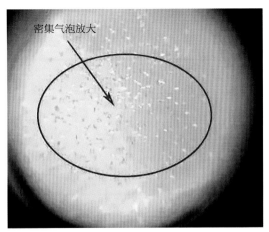

图5-25　烤色的水煮蜜蜡

（2）纹理的观察

天然蜜蜡一般都能看到流淌纹，而水煮蜜蜡的流淌纹不明显，各部分的构造基本相同，很均匀，显得不正常、不自然。

（3）颜色、光泽、透明度、构造的观察

天然蜜蜡各部分的颜色、光泽、透明度经常有区别，经常能看到层状结构等特征，而水煮蜜蜡各部分的颜色、光泽、透明度、构造等比较均匀、一致。

（4）水煮蜜蜡的核-壳状结构

水煮蜜蜡的结构分为两部分：外层是不透明的蜜蜡，中间是透明的琥珀。这种结构和鸡蛋的蛋清和蛋黄很像，也可以称为核-壳状结构。

这种结构直接用肉眼不容易看出来，如果用强光手电照射，仔细观察，可以看出来。

2. 常规鉴定工具（方法）

（1）发光性

水煮蜜蜡如果不经过烤色处理，在紫外线照射下也会发出蓝色的荧光，和天然蜜蜡差别不大。但如果进行了烤色处理，发出的荧光便很弱，所以可以作为一个鉴别特征。见图5-26。

（2）吸收光谱

水煮蜜蜡如果进行了烤色处理，吸收光谱也和天然蜜蜡不一样，用可见光照射时，样品对七种单色光的吸收情况会改变，在吸收光谱图上，黑色吸收线的位置、数量、宽度、强度都会改变。所以也可以作为一个鉴别特征。

水煮   水煮+烤色

无优化新蜜蜡

图5-26 水煮蜜蜡的发光性

3. 精密仪器法

水煮蜜蜡的加热温度如果比较高，化学成分会发生变化，对红外线、紫外线、可见光的吸收情况都和天然蜜蜡不同。所以，如果用红外光谱仪、紫外线-可见分光光度计、激光拉曼光谱等精密仪器测量，获得的光谱图都会发生变化，包括吸收峰的位置、数量、高度、宽度等。

第六章

压制琥珀及其鉴别方法

part 6

第一节
压制琥珀

1. 原理

压制琥珀（图6-1）又叫二代琥珀、再造琥珀、再熔琥珀、再生琥珀，是用天然琥珀的下脚料如碎块、粉末等作为原料，施加高温、高压，使原料熔化并在高压下粘接在一起，重新制造成大块琥珀。

2. 方法

压制琥珀经常使用专用的设备，如压力炉、真空炉或压力机等，不同的企业使用的设备和方法各不相同。有时候，还要控制炉内的气氛，充入不活泼气体（如氮气、氩气等），防止原料发生过度氧化。

3. 影响因素

首先，影响压制琥珀质量的第一个因素是原材料，包括尺寸、化学组成、杂质等。

其次，压制工艺参数也会影响产品质量，包括加热温度、保温时间、压力、工作气氛等。

4. 特点和应用

很多压制琥珀的外观和天然琥珀相差无几，很难鉴别。所以，目前压制琥珀在市场上较常见。

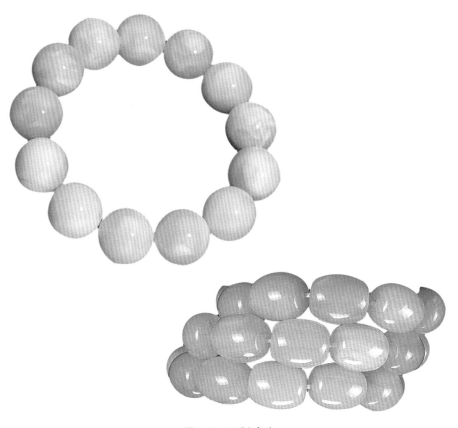

图6-1 压制琥珀

第二节

压制琥珀的鉴别——经验法

　　经验法具体有"眼法"、"手法"、"耳法"、"鼻法"、"牙法"。

　　鉴定压制琥珀时，主要采用的是"眼法"，即用肉眼观察样品的特征，因为和天然琥珀相比，压制琥珀的外观和内部具有一些独有的特征，外观包括颜色、光泽等，内部结构包括颗粒构造、纹理、裂纹、气泡、杂质等。

　　"手法"、"耳法"、"鼻法"、"牙法"用得比较少。

　　有的压制琥珀的特征很明显，用肉眼很容易就能鉴别出来。但是，在多数时候，如果只是用肉眼粗略观察，压制琥珀和天然琥珀几乎完全一样，难以分辨，有时候甚至会把压制琥珀误认为天然琥珀，而把天然琥珀误认为压制琥珀，见图6-2。

图6-2　天然琥珀和压制琥珀

中间拴绳子的是压制琥珀，其他为天然琥珀

所以，在实际进行鉴定时，经常利用一些简单的工具，如放大镜、强光手电等。

一、纹理

目前，对纹理的观察是鉴别压制琥珀的最主要方法之一。

1. 天然琥珀胡纹理——流淌纹

天然琥珀的纹理一般称为流淌纹，这是因为，天然琥珀是由液体树脂形成的，液体树脂一滴一滴地落下来，然后向四周流淌。这样便会形成流淌纹。

树脂都有一定的黏度，每滴树脂的重量、下落的时间等经常不一致，受日照的时间也经常不一致，所以黏度也不一样，这样，每滴树脂在发生凝固之前，向四周流淌的距离不一样，同一滴树脂在不同的方向上流动的距离也经常不一样。所以，这些树脂凝固后，在琥珀的内部和表面就会形成一些天然的条纹，条纹的形状一般都不完全一样，这就是流淌纹。具体的某一滴树脂的流淌纹常见的形状见图6-3。

图6-3 某一滴树脂的流淌纹常见的形状

天然琥珀的流淌纹由于是树脂液滴自然流动形成的，所以它存在几个较明显的特征。

①多数流淌纹是连续的，长度比较长，即使是弯曲的，但也连绵不断。

②整块琥珀是由一滴滴树脂形成的层片构成的，有时候可以沿着流淌纹的走向看出层片的轮廓。虽然每个层片的厚度或同一个层片在不同位置的突出程度不一样，但琥珀的这种层片状特征仍然比较明显。

③多数流淌纹的线条都比较柔和、自然、流畅，而且多数是弯曲的，呈弧形，特别笔直的比较少见。

④天然琥珀的流淌纹在整块琥珀中的分布没有规律，没有明显的方向性，显得比较自然、随机。

2. 压制琥珀胡纹理——搅拌纹

压制琥珀的表面和内部也经常存在一些纹理，人们一般称为搅拌纹。这是因为在加工压制琥珀时，经常对原料进行搅拌，使它们的温度均匀一致。当原料凝固后，表面和内部就会存在搅拌纹。

和天然琥珀的流淌纹相比，压制琥珀的搅拌纹存在如下几方面的特征。

①由于压制琥珀的原料是小碎块甚至是粉末，它们即使被加热，但也经常不能完全熔化，所以，多数搅拌纹是断续的，长度比较短，看起来显得一段一段的，数量比较多，但比较碎。

②由于有大量短、碎的搅拌纹，所以压制琥珀看起来呈网状，是由很多小块组成的。

③原料中的很多碎块的表面是平的，边界线很直，所以它们形成的搅拌纹的线条看起来比较直，显得比较僵硬、不自然。

④由于对原料进行搅拌时，基本是沿一个方向，比如有时候是顺时针搅拌，有时候是逆时针搅拌，另外，原料熔化后，液体在高温下会发生扩散、沸腾、对流等多种物理现象，所以，最后形成的压制琥珀中的搅拌纹的分布会有一定的规律性，具有一定的方向性。这种规律性在不同的产品中有不同的表现形式，搅拌纹的形状有几种类型。

第一种类型　搅拌纹沿搅动方向分布。见图6-4。

（a）示意图　　　　　　　　　　（b）压制琥珀实物（一）

图6-4　搅拌纹沿搅动方向分布

第二种类型　有的搅拌纹的分布像树叶的叶脉一样，中间有一个对称轴，搅拌纹在对称轴的两侧对称分布，见图6-5。

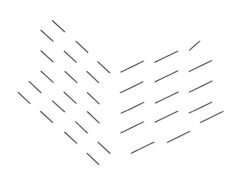
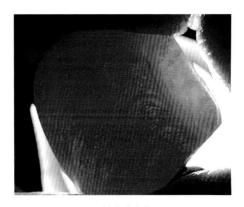

（a）示意图　　　　　　　　　　　（b）压制琥珀实物（二）

图6-5　"叶脉"型搅拌纹

　　第三种类型　有人称为"丝瓜瓤状"。这种搅拌纹看起来和丝瓜瓤很像，分布实际上没有规律，没有方向性，显得很混乱。见图6-6。

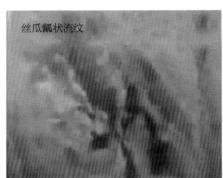
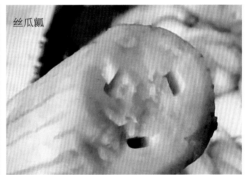

图6-6　"丝瓜瓤"型的搅拌纹

　　这种类型是因为粉末原料在高温下，有的完全发生了熔化，透明度很好，而有的没有完全熔化，透明度很低，这两部分互相混合、掺杂在一起，所以纹路就变成了这种形式。

3. 透光观察

　　由于自然光的强度较低，也就是亮度不够，所以很多时候，在自然光线下不容易看清楚琥珀的纹路。所以人们经常在强光照射下进行观察，比如对着阳光或用强光手电照射，这样就容易看清纹路。因为纹路周围的琥珀的透光率不一样，有的地方透光率高，就显得比较亮，而有的地方透光率比较低，就会显得比较暗，它们的交界就是琥珀的纹路，所以，纹路就显得比较清楚，容易看出它们的特征。人们经常把这种观察方式叫作"透光"观察。

图6-7分别是压制琥珀和天然琥珀在强光照射下的透光图。

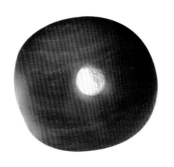 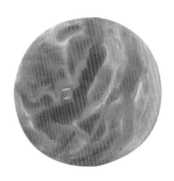

（a）压制琥珀搅拌纹的透光图　　　　（b）天然琥珀流淌纹的透光图

图6-7　琥珀纹理的透光图

可以看到，两种琥珀的搅动纹的特征很明显。

需要说明的是：有的压制琥珀的搅拌纹和天然琥珀的流淌纹看起来很像，区别并不明显，所以，纹路只是鉴定压制琥珀的一种依据，但是不能只根据纹路的特征就贸然地下结论，而应该考虑其他特征，在综合判断的基础上下结论，这样鉴定结果才会更可靠、更准确。

二、微观结构

1. 灰白色的絮状结构或混浊感

压制琥珀有的是用较大的碎块压制的，有的是用粉末压制的。而且琥珀的化学组成很复杂，有的成分熔点较高，有的成分熔点较低，所以，很多压制琥珀不能百分之百地熔化，这样，它们的表面或内部经常会保留一些块状或颗粒状的结构特征。如果用裸眼观察，会看到很多压制琥珀具有灰白色的絮状结构，和白花蜡一样，感觉不舒服；有的即使表面完全是黄色的，但会有一种"浑浊"的感觉，光泽不好，见图6-8所示。

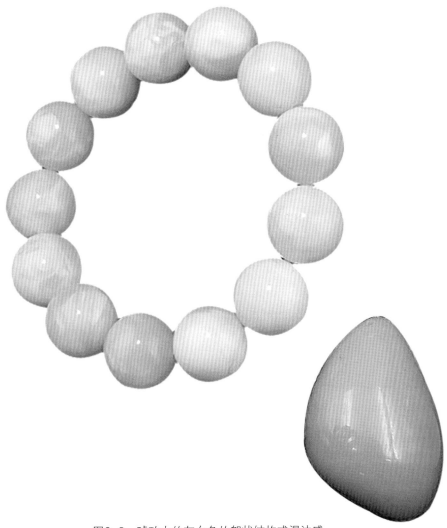

图6-8　琥珀中的灰白色的絮状结构或混浊感

2. 块状或颗粒状结构特征

近距离观察、放大观察或透光观察压制琥珀时，可以更清楚地看到其中没有完全熔化的原料具有的块状或颗粒状的结构特征，表面或内部的碎块或颗粒的轮廓或边界更清晰、明显：这些轮廓或边界的线条或界面棱角分明，和周围的界线很清晰，显得比较生硬、不圆润、不柔和，很多都很直，使琥珀显得一块一块的，很不自然。见图6-9。

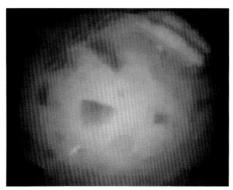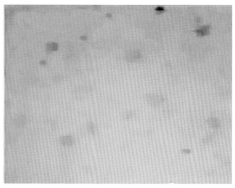

图6-9　压制琥珀的块状或颗粒状结构

天然琥珀在地下经历了长时间的高压、高温作用，没有这样的特征。

3. 颜色、光泽的差异

压制琥珀使用的原料——各个碎块、颗粒或粉末的熔化温度经常不一样，这样，在加热后，它们的熔化程度一般不完全一样，有的能完全熔化为液体，有的只能熔化一部分。熔化程度不一样，最后形成的琥珀表面的颜色和光泽也会不一样：熔化程度高的部分，表面更光滑，对入射光线的反射更强，因而颜色会更亮一些、光泽会比较强；而熔化程度低的部分，表面光滑度低，对入射光线的反射比较弱，因而颜色会显得比较暗，光泽也比较弱。

所以，和天然琥珀相比，压制琥珀的颜色偏暗，光泽强度较弱。仔细观察不同位置时，整块压制琥珀表面的颜色、光泽不一样，有的地方亮、有的地方暗，感觉是一块一块的，不均匀、不一致。

而天然琥珀的原料的熔化温度基本相同，颜色较明亮，光泽更强，而且整个表面的颜色、光泽也基本一致，比较均匀。

4. 表面光滑度的差异

和上面的原因相似，压制琥珀使用的原料的硬度、密度也存在较大的差别，所以在加工完成后，压制琥珀整个表面的不同位置，光滑度也各不相同：有的地方凸出，有的地方向下凹陷。

三、内部的"红点"或"血丝"

压制琥珀在加工时，碎块或粉末的交界面的分子排列更混乱，所以它们的化学性质更不稳定，比碎块或粉末内部更容易发生氧化，见图6-10。

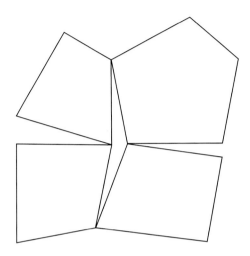

图6-10　碎块或粉末颗粒的交界面

发生氧化后，这些界面的颜色会变成红色或褐色。用肉眼看时，会发现内部有一些小红点，实际上就是发生氧化的界面。见图6-11。

放大观察或在强光照射下观察时，会看到这些小红点实际上是红色的丝状物，人们一般称之为血丝。见图6-12。

图6-11　压制琥珀内部的红点

图6-12　压制琥珀里的"血丝"

四、气泡和杂质

天然琥珀中经常包含一些气泡，这些气泡的形状多数是圆形的，而且排列比较随机、混乱。

压制琥珀在受到高压加工的过程中，这些气泡会被压扁，而且沿着一个方向分布。见图6-13。

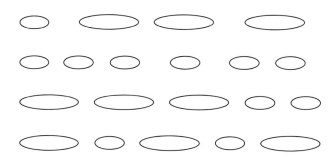

图6-13　压制琥珀中的气泡

此外，天然琥珀中经常包含一些杂质，它们的分布也比较混乱。压制琥珀受到高压作用后，这些杂质也会被压碎，并沿着一个方向分布。见图6-14。

图6-14　压制琥珀中的杂质

第三节

压制琥珀的鉴别
——常规工具法和精密仪器法

经验法虽然比较简单易行，但很多时候，获得的结果准确性不高、不可靠。

为了克服经验法的缺点，人们经常使用专业鉴定工具进行鉴定，包括一些常规工具和精密仪器。

一、常规鉴定工具法

鉴定压制琥珀使用的常规鉴定工具主要包括显微镜、紫光灯、化学溶液。

1. 显微镜

显微镜比放大镜的放大倍数更高，所以能够更清楚地观察样品的微观结构，如搅拌纹、颗粒特征、血丝、气泡、杂质等。

2. 紫光灯

用紫光灯照射琥珀时，琥珀会发出特定颜色的荧光，而不同部位发出的荧光的颜色、亮度等不一样，反差经常比自然光更强，所以，前面提到的压制琥珀的很多特征，在紫光灯的照射下能更清晰地显示出来，包括纹理、块状或颗粒轮廓、血丝等。

另外，一些透明琥珀的纹路在自然光线下很难看出来，但在紫光灯的照射下，会比较容易看出来。

3. 化学溶液

压制琥珀虽然是在高温、高压下加工制作的，但是和历经几千万年的天然琥珀相比，它们的结构还是不够致密，能够溶解在乙醚溶液中，而天然琥珀不会溶解。

但是这种方法会对样品造成损害，所以一般情况下不能使用。

二、精密仪器法

由于压制琥珀使用的原料主要是天然琥珀碎块或粉末，而且压制工艺也在不断改进、完善，所以有的压制琥珀用常规鉴定工具也很难鉴别出来。因而就需要使用性能更好的精密仪器，比如电子显微镜、能谱仪、傅里叶变换红外光谱仪、紫外线–可见分光光度计、激光拉曼光谱仪、X射线荧光光谱仪等。

由于这些仪器和技术都是专业鉴定机构和专业鉴定人员使用的，普通消费者接触的不多，所以这里就不再详细介绍了。

第七章

琥珀仿制品及其鉴别方法

part 7

除了优化处理琥珀和压制琥珀外，市场上还有一类产品叫仿制品，就是用别的物质冒充琥珀，实际上就是假琥珀了。见图7-1。

图7-1 琥珀仿制品

琥珀仿制品的种类比较多，常见的有以下品种。

一、柯巴树脂

柯巴树脂（图7-2）是一种天然树脂，外观包括颜色、光泽、透明度和琥珀很像，有很多内部还包裹着小昆虫。所以很多人用它们来冒充琥珀。

但柯巴树脂的形成时间比琥珀短得多，分子间的结合力不如琥珀，很多性质也和琥珀有差异。

图7-2　柯巴树脂

二、松脂

松脂（图7-3）指松树分泌的树脂，一般呈淡黄色，半透明，外观和琥珀比较像，所以有人用松脂来冒充琥珀。

但松脂没有经历石化过程，和琥珀不是一回事，其化学组成、物理和化学性质和琥珀有差异，比如松脂的密度更低，而且硬度低、脆性大。

图7-3　松脂

三、人工树脂

人们也经常用人工树脂制造琥珀仿制品（图7-4），常有的材料包括亚克力、酚醛树脂、环氧树脂、塑料等。

图7-4　人工树脂仿制的琥珀

这些材料的化学组成、显微结构和琥珀的差异更大，很多物理、化学性质差别也很大。

四、拼合琥珀

这种琥珀是由几部分拼合而成的，具体有几种形式。

①由小块琥珀拼合成大块琥珀。前面提到过：琥珀的块度越大，单价越贵，所以大块琥珀的总价钱高于几个小块之和。

②天然琥珀和树脂粘合制作的琥珀。比如上半部分是天然琥珀，而下半部分却是人工树脂，或者在树脂的四周粘一层天然琥珀。

五、复合造假琥珀

用人工树脂、塑料制造的琥珀仿制品再进行烤色等处理，这种产品能掩盖仿制品的一些特征，使鉴别难度增加。

六、假冒其他品种或产地的琥珀

还有一种仿制品需要注意：就是有人经常用品质和价值都比较低的品种假冒高档品种的琥珀。比如，用墨西哥的蓝珀或缅甸的蓝金珀冒充多米尼加蓝珀。

第二节

琥珀仿制品的鉴别——经验法

经验法包括"眼法"、"手法"、"耳法"、"鼻法"、"牙法"。

一、"眼法"

在鉴别仿制品时，"眼法"也是最常用的方法，即通过观察样品的特征，包括颜色、光泽、纹理等外部特征以及透明度、微观结构、气泡、杂质等内部特征进行鉴别。

1. 颜色

（1）观察一致性

很多琥珀的仿制品是批量生产的，如果是项链或手链，那珠子的颜色以及大小、形状基本完全一致，如果观察单个珠子或单件雕件，会发现它的各个位置的颜色也基本是一样的，没有区别。见图7-5。

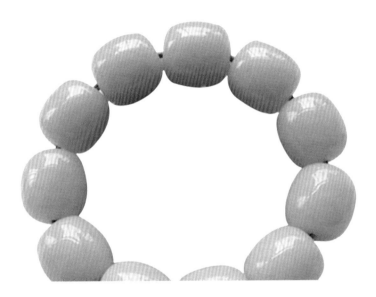

图7-5　琥珀仿制品

　　而天然琥珀珠子的颜色互相会有差别，单个珠子或雕件的不同位置，颜色也会有差别，很少完全一样。

　　有的琥珀仿制品的化学成分和天然琥珀相差很多，所以颜色差异比较大，看起来感觉很怪。见图7-6。

图7-6　塑料仿琥珀

（2）老蜜蜡的颜色

　　由于老蜜蜡的形成时间长，或者加工后佩戴时间长，表面部分的氧化程度高，所以颜色一般比较深，发红或发黑，看起来显得比较"旧"。所以很多人根据颜色来判断其是不是老蜜蜡。

　　同样，老蜜蜡仿制品的颜色也经常具有上述两个特征。见图7-7。

图7-7 老蜜蜡仿制品

（3）蓝珀仿制品

天然蓝珀的颜色有几个特点：①在黑色背景下观察时是蓝色的，如果在白色背景下观察，它们并不是蓝色，多数是金黄色的；②天然蓝珀被强光照射的表面呈蓝色，而背对光线的部分是黄色的；③天然蓝珀内部的蓝色通常不均匀，是一块一块的；④如果左右转动天然蓝珀，不同位置的颜色会发生变化，即随着光线照射位置的变化，蓝色部分会反复消失或重现。

蓝珀仿制品的颜色和天然蓝珀差别很明显，因为有的仿制品的原料中含有蓝色颜料，有的仿制品的表面染成了蓝色，所以，蓝珀仿制品的颜色和天然蓝珀存在下述区别：①仿制品在白色和黑色背景下，都是蓝色的；②仿制品被光线照射的位置和背对光线的部分都是蓝色；③仿制品有的内部都是蓝色，有的内部完全不是蓝色，只有表面是蓝色；④转动时，仿制品各个位置的颜色基本不发生变化。见图7-8。

此外，很多仿制品的蓝色虽然很鲜艳，但是色调和天然蓝珀经常不一样。

图7-8 蓝珀仿制品

2. 光泽

很多琥珀仿制品的化学成分、显微结构和天然琥珀相差很多，所以光泽差异也比较大，有的光泽过强，有的光泽过于微弱，有时候可以用肉眼鉴别出来。见图7-9。

图7-9　仿制品的光泽过强或过弱

天然琥珀具有特殊的树脂光泽，看起来比较温润、柔和、自然。

3. 虫珀

有的虫珀的价值很高，所以市场上存在很多虫珀仿制品。虫珀的主体部分一般是用亚克力等人工树脂或柯巴树脂等制作的，这是由于这些材料容易熔化，而且熔化后黏度比较低，容易进行加工，不需要施加高压。

这些材料的颜色、透明度、光泽和天然琥珀存在较大差别。见图7-10。

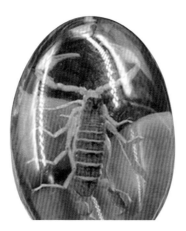

图7-10　虫珀仿制品

4. 纹理

天然琥珀的表面和内部很多都有纹理，即液体树脂流动形成的流淌纹。这种流淌纹由于是自然流动形成的，所以看起来显得很自然、柔和、圆润。

而琥珀仿制品有的根本就没有纹理，有的在加工过程中由于对原料进行搅拌而具有搅拌纹，很多显得比较僵硬、不自然。见图7-11。

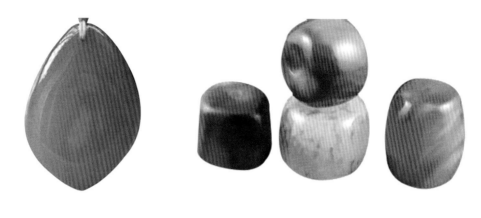

图7-11　仿制品的纹理

5. 老蜜蜡的风化纹

老蜜蜡因为长期受自然风化作用，表面经常存在一些特有的纹理，人们称为风化纹（图7-12），也叫"橘皮纹"。天然老蜜蜡的风化纹具有如下特征。

①风化纹的线条颜色深浅不同，很多都比较深，发黑，这是因为风化纹的形成时间不一样，形成时间早的，里面容易沾染上灰尘等杂质，颜色就会比较深，发黑；形成时间晚的，颜色就会比较浅，显得比较新鲜。

②多数风化纹的线条比较短。

③多数风化纹的线条是弯曲的。

④多数风化纹的线条比较柔和，呈圆弧形。

⑤多数风化纹的线条都比较细、窄。

⑥风化纹线条的尖端比较钝。

⑦多数风化纹的线条都比较浅。

⑧风化纹的分布比较致密。

⑨风化纹的分布较乱，不规则，没有规律。

⑩天然老蜜蜡的表面虽然有风化纹，但由于长期佩戴或抚摸，所以风化纹的表面经常有一层"包浆"，即很薄的一层透明的物质，所以抚摸起来感觉很光滑。

⑪除了风化纹之外，天然老蜜蜡由于受各种自然、人为的作用，表面一般凹凸不平，有很多小坑、小孔等，它们的颜色、形状、分布形式等也和风化纹相似。

老蜜蜡仿制品有的表面就没有风化纹，见图7-13。

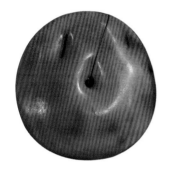

图7-12 老蜜蜡的风化纹

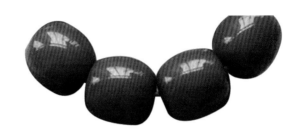

图7-13 没有风化纹的老蜜蜡仿制品

有的仿制品采用人工技术制作了假风化纹，甚至还进行了烤色或做旧处理，使它们的特征尽量和天然风化纹一样。但是，假风化纹存在自己的一些特征，可以和天然风化纹区分出来。

①风化纹的线条颜色深浅基本相同，即使经过做旧处理，但由于处理工艺参数相同，所以线条可能都比较深，发黑。

②很多风化纹的线条比较长，因为假风化纹很多是手工加工的，如果做得都很短，会消耗很长时间。

③多数风化纹的线条是直的，也是手工加工的原因。

④多数风化纹的线条比较僵硬。

⑤很多风化纹的线条比较粗、宽，这是为了让别人看出这些风化纹。

⑥风化纹线条的尖端比较尖锐，因为假风化纹是用尖利的工具加工的。

⑦多数风化纹的线条都比较深，这是为了让别人看出这些风化纹。

⑧风化纹的分布一般比较稀疏。

⑨风化纹的分布经常有一定的规律和顺序。

⑩老蜜蜡仿制品的表面虽然加工了假风化纹，但由于没有经过长期佩戴或抚

摸，所以风化纹的表面一般没有"包浆"，抚摸时甚至能感觉到裂纹的存在。

⑪老蜜蜡仿制品的表面一般比较干净、光滑，很少有小坑、小孔、斑点等。

一种带假风化纹的老蜜蜡仿制品如图7-14所示。

图7-14 带假风化纹的老蜜蜡仿制品

6. 老蜜蜡的其他外部特征：

（1）加工质量

天然老蜜蜡制品如果是古代加工的，加工质量会比较低，产品存在一些缺陷，比如加工线条比较粗糙，形状不很规则。这是由于古代的加工工具和工艺比较原始。

反之，老蜜蜡仿制品的加工质量会很高，线条流畅，形状规则，比如圆珠和圆孔的圆度很理想。

（2）老蜜蜡珠子的绳孔

天然老蜜蜡由于佩戴时间很长，绳孔长时间被绳子吊勒并磨损，绳孔的形状会发生变化：有的孔口直径会扩大，人们称为"喇叭口"或"轮齿孔"，有的孔口会由原来的圆形变成水滴形。见图7-15所示。

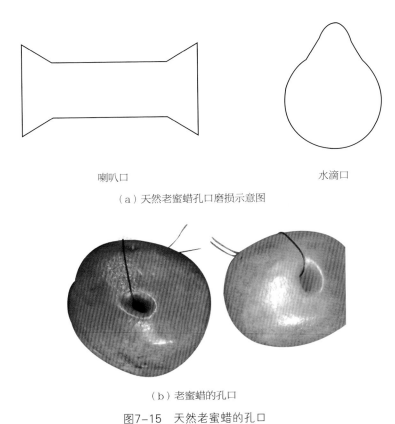

喇叭口　　　　　　　　　　　水滴口

（a）天然老蜜蜡孔口磨损示意图

（b）老蜜蜡的孔口

图7-15　天然老蜜蜡的孔口

　　近代的老蜜蜡仿制品由于佩戴时间短甚至是刚加工出来的，所以孔口没有这些特征，基本都是标准的圆孔。见图7-16。

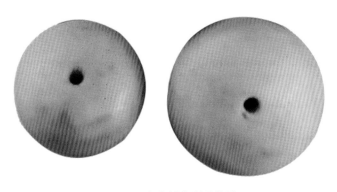

图7-16　老蜜蜡仿制品的孔口

在市场上可以看到，有的仿制品的孔口也刻意加工成了喇叭口或水滴口，所以鉴别难度就更大了。有人提出，鉴别这种产品的一个办法是放大观察孔的内壁：因为天然老蜜蜡的孔的内壁上也会有一些细密的风化纹，而大多数仿制品没有。

7. 内部特征

琥珀仿制品的内部特征包括纹理、气泡、裂纹、杂质、胶黏剂等。其中，内部纹理的观察方法和表面纹理一样，这里不再多说。

（1）气泡、裂纹

琥珀仿制品内部的气泡和裂纹（图7-17）主要有两个特征：一是数量经常很少、体积也很小。这是因为在制造过程中，人们可以对仿制品的化学组成和制备工艺参数进行不断地优化，从而减少甚至消除内部的气泡。所以，很多琥珀仿制品看起来特别漂亮、完美。由于气泡和裂纹的数量少、体积小，所以透明度很好、净度很高，但价钱还很便宜！

图7-17　琥珀仿制品内的气泡和裂纹

仿制品内部的气泡和裂纹的第二个特征是：如果有气泡存在，它们的形状经常是扁长形的，而且基本沿一个方向定向排列。这是因为仿制品在加工过程中经常被施加高压，所以内部的气泡会被压扁，而且会沿一定的方向排列。而天然琥珀中的气泡很多是圆形的，在琥珀中的分布也是随机的，没有方向性。

（2）虫珀的内含物

有的虫珀仿制品的主体是用天然琥珀做的，把里面挖空，放入小动、植物体，然后再密封。虫珀仿制品的内含物（即小动植物体）和天然虫珀相比，具有以下一些特征。

①动、植物品种。有的动、植物是在琥珀形成之后才在地球上出现的，所以这种虫珀自然是仿制品。有的动、植物品种很难出现在琥珀中，如果看到这种虫珀，而价钱并不高，说明很可能是仿制品。见图7-18。

图7-18　虫珀仿制品中的动、植物品种

图7-19　虫珀仿制品中的动、植物体尺寸较大

②动、植物体的大小。天然虫珀中的动植物体一般都比较小，尺寸大的比较少见。所以，如果看到虫珀中的动植物尺寸很大、很夸张，同时价钱不高，说明可能是仿制品。见图7-19。

③动、植物体的颜色。天然虫珀内的动植物体经过几千万年的时间，内部的色素大多数都会分解，使动植物体呈黑色或灰黑色。所以，如果看到虫珀内的动、植物呈五颜六色，非常鲜艳、夺目，就说明很可能是仿制品。见图7-20。

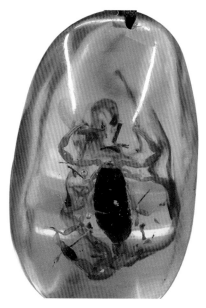

图7-20　仿制品中动、植物体的颜色较鲜艳

④动、植物体的姿势。天然虫珀内的动、植物，尤其是动物多数都是不小心被树脂粘住的，在死亡前经历了长时间的挣扎，所以多数动物在琥珀内仍保留着当时挣扎的姿势，在周围也经常能看到树脂被动物搅动的痕迹，比如纹理、气泡等。

而虫珀仿制品是把已经死亡的小动物放入树脂里，然后树脂再凝固，所以，小动物的姿势是僵硬的、死板的。图7-18～图7-20都可以看出这点。

二、其他经验法

1. 手法

①手掂　指用手掂量样品，判断样品的密度。因为有的仿制品的化学组成与天然琥珀差别较大，有的过轻，比如有的人造树脂，而有的过重，比如玻璃仿制品。所以可以用这种方法进行鉴别。

②抚摸　天然琥珀用手抚摸时，表面由于受到摩擦，会带上电荷，这时候，手的皮肤会感觉被轻轻地吸引，感觉琥珀表面发粘、"啜手"；而仿制品由于没有这种性质，所以没有这种感觉。

另外，天然琥珀的导热性比较低，所以抚摸起来有温润感；很多仿制品没有这种感觉。

③搓磨　由于天然琥珀的硬度低，而且由很多微粒构成，所以，用手搓磨时，会有很少量的细微的粉末被搓下来并挥发，所以如果离得很近，会闻到琥珀特有的芳香气味。尤其是特殊的品种如白蜡，这种气味更明显。而大多数仿制品没有这种现象。

2."鼻法"

指闻气味。一种方法是上面提到的用手搓磨后去闻。

另一种方法是加热：比如用热针刺样品的表面，如果样品是天然琥珀，它受热后，少量化学成分发生挥发，从而会闻到芳香味道；而多数仿制品很少有这种气味，甚至有的仿制品会发出其他难闻的刺激性味道。

第三节
琥珀仿制品的鉴别
——常规工具法和精密仪器法

在很多时候，利用经验法鉴定的结果准确性不高、不可靠，所以，人们经常使用专业鉴定工具进行鉴定，包括常规工具和精密仪器。

一、常规鉴定工具法

鉴定琥珀仿制品使用的常规鉴定工具方法主要包括密度测试、荧光法、折射率测试等方法。

1. 密度测试

由于仿制品的化学组成与天然琥珀相差较大，所以多数仿制品的密度与天然琥珀差异较大，这样就可以通过测试密度进行鉴别。

测试密度主要有两种方法。

①静水称重法　先称量样品在空气中的质量$m_空$，再称量样品浸在水中的质量$m_水$，然后按下述公式计算出相对密度

相对密度=$m_空$/（$m_空$-$m_水$）=$m_空$/同体积水的质量

②重液法　用一些化m学试剂配置不同密度的溶液，然后将样品放进去，看哪种溶液能使样品悬浮，这种溶液的密度就是样品的密度。

普通消费者更熟悉的测试琥珀密度的方法是盐水测试法。配制一定数量的饱和食盐水溶液，然后把样品放进去。天然琥珀的密度为1.05～1.10g/cm³，比纯水高，但比饱和食盐水的密度低（饱和食盐水的密度是1.33g/cm³）。所以，天然琥珀在纯水中会下沉，而在饱和食盐水中会漂浮。

有的仿制品的密度比纯水低，所以它们在纯水中也会漂浮；另一些仿制品的密度比饱和食盐水还高，所以它们在饱和食盐水中会下沉。所以可以采用密度测试法鉴别琥珀仿制品。

实际上，盐水测试法不属于严格的密度测试法，它只是一种间接性的而且较粗略的比较法，根据它得到的结果的可靠性不如静水称重法和重液法。

2. 荧光法

荧光法是用紫外线照射样品，通过观察样品是否产生荧光以及根据荧光的特征如颜色、强度来鉴别琥珀的方法。

这种方法的原理是天然琥珀被紫外线照射时会发出特定颜色的荧光，如蓝色、蓝白色、绿色、浅绿色等。而琥珀仿制品的化学组成和天然琥珀不同，所以有的不会发射荧光，有的可以发射，但是颜色和强度与天然琥珀的会有不同，所以可以进行鉴别。

荧光法是目前鉴别琥珀仿制品最有效的方法之一，这种方法可以使用专业仪器如紫外线荧光仪，也可以使用简单工具如验钞机、紫光手电等，荧光法简便易行，应用很广泛。

3. 折射率

专业鉴定机构鉴别各种宝玉石时，折射率是一个重要的测试指标，在鉴定证书中经常能看到它。这是因为，折射率和样品的化学成分关系很大，如果宝玉石

是假的，那很多情况下，它的化学成分和天然的差别会比较大，这样，它的折射率和天然宝玉石的折射率差别也会比较大。

在鉴别琥珀仿制品时，专业人员也经常测试样品的折射率，因为天然琥珀的折射率是1.54，而用亚克力制作的琥珀仿制品的折射率是1.48，聚乙烯琥珀仿制品的折射率是1.36，玻璃琥珀仿制品的折射率是1.51。

4. 溶解性

天然琥珀和琥珀仿制品的溶解性也存在区别：天然琥珀由于在比较高的温度和较大的压力下，经过几千万年的时间形成，所以它们的溶解性很差，不会溶解于水，也不溶解于常见的有机溶剂，比如乙醚、酒精。

有的仿制品则能溶解于一些溶剂：比如，用柯巴树脂做的仿制品可以溶解在乙醚和丙酮中，松香做的仿制品可以溶解在酒精里。

这种方法会对样品造成损坏，所以属于一种破坏性鉴定法，一般情况下应尽量不用或少用。必须使用时，不能把整块样品放入溶剂中，而应该用滴管等工具吸少量的溶剂，然后在样品的表面滴一滴，如果样品溶解于这种溶剂，那个位置会产生一小块溶解痕，擦干后，那个位置的光泽会消失，摸起来感觉比较粘，而且还会留下一个小凹坑。

观察完后，要尽快把样品表面的溶剂擦洗干净，防止样品受到更大的损坏。

5. 电性质

天然琥珀用毛皮摩擦后，表面会带电荷，可以吸起碎纸屑。很多仿制品没有这种性质，所以也是一种鉴定方法。

二、精密仪器法

琥珀仿制品的技术和工艺在不断改进、完善，所以有的仿制品用常规鉴定工具也很难鉴别出来，所以就需要使用性能更好的一些精密仪器，比如电子显微镜、傅里叶变换红外光谱仪、紫外线–可见分光光度计、激光拉曼光谱仪、X射线荧光光谱仪、质谱仪等。

电子显微镜（图7–21）的优点是分辨率高，放大倍数高，可以观察样品的精细显微结构。因为天然琥珀和仿制品的微观结构经常不一致，所以可以用这种仪器进行定。

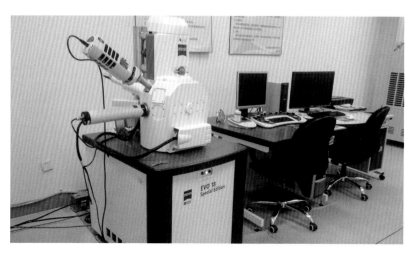

图7-21　扫描电子显微镜

　　傅里叶变换红外光谱仪、紫外可见分光光度计、X射线荧光光谱仪、激光拉曼光谱仪、核磁共振仪可以测试样品的化学组成和显微结构，所以能鉴别天然琥珀和仿制品。

参考文献

［1］廖宗廷，周祖翼. 宝石学概论第3版. 上海：同济大学出版社. 2009.

［2］杨剑芳，董小萍，郭力，李惠莲. 琥珀的化学研究进展. 北京中医. 2002，4（2）：2-6.

［3］王徽枢. 河南西峡琥珀的矿物学研究. 矿物学报. 1989，9（4）：338-345.

［4］陈培嘉，曹姝旻. 蓝珀的特征及颜色成因研究. 宝石和宝石学杂志. 2004，1（1）：12-15.